NAPLES ET LE MONT-CASSIN.

NAPLES

ET LE

MONT-CASSIN,

PAR

CH. J. VAN DEN NEST,

PRÊTRE,

AUTEUR DES SOUVENIRS D'ITALIE.

ANVERS.

IMPRIMERIE DE J. P. VAN DIEREN ET COMP.

1850.

PRÉFACE.

—

L'accueil bienveillant, que le premier fruit de mes études sur l'Italie a reçu du public, m'a encouragé à continuer mes investigations archéologiques au sujet d'un pays, qui, de temps immémorial, a exercé sur le monde le double empire de l'art et de la religion. En effet, n'est-ce pas sous ce beau ciel, inspirateur des plus nobles pensées de l'homme, que l'intelligence humaine a opéré des prodiges? N'est-ce pas aux rayons de son soleil que la Foi brilla du plus vif éclat? N'est-ce pas dans cette contrée, chantée d'abord par la lyre des poëtes, bénie ensuite par le cri d'angoisse des martyrs, que s'est déroulée la succession miraculeuse de ces événements qui se sont groupés

pendant dix-huit siècles, pour confirmer la base inébranlable de
notre sainte Religion?

On n'a qu'à jeter les yeux sur l'Italie, pour voir qu'elle est la
reine du monde. Son climat est d'une beauté unique parmi les
divers climats de la terre; son sol, que la nature a choisi pour y
étaler le spectacle de toutes ses splendeurs, est aussi celui que
l'homme a élu pour en faire le théâtre de sa gloire : monuments
en ruine ; monuments debout; temples payens; basiliques chrétiennes; amphithéâtres, gigantesques comme le peuple qui les
érigea; asiles de charité, grands et pieux comme la religion qui
les a créés; elle est couverte de merveilles, cette noble terre, au
centre de laquelle se trouve le Vésuve, cette autre grande merveille de la nature, placée entre Herculanum et Pompeia,
comme un flambeau funèbre qui veille près de la tombe de ces
deux villes mortes.

J'ai choisi ces lieux consacrés par le génie et par la foi, comme
étant les plus propres à m'offrir de parfaits modèles pour la
série de tableaux que je voulais tracer de la majesté imposante
de notre Religion qui y éleva son trône. Fidèle à la tâche que
je me suis imposée, j'ai pris à cœur de mettre en relief la
beauté des cérémonies du culte catholique , pour en faire
découler ensuite la salutaire influence que ce culte exerça et
exerce encore sur les peuples qui composent la grande famille
de la chrétienté. On ne saurait le méconnaître. Témoin séculaire
des pompes du catholicisme, l'Italie s'est, pour ainsi dire,
imprégnée du parfum de religion qui émane de ses églises;
les mœurs de ses habitants, formées par une foi toujours pure
et toujours forte, ont donné à la vie intime des Italiens ce sceau

de piquante originalité qui les rend si intéressants pour l'obser-
vateur impartial et consciencieux. Sous ce rapport, ils ont dû
faire l'objet de mes études spéciales. Aussi ai-je tâché de faire
ressortir les côtés saillants que présente l'ensemble de leur
caractère; persuadé qu'ils n'auraient pas été dénués d'intérêt
pour mes compatriotes qui professent cette même Religion à
laquelle ce beau pays est redevable de sa grandeur.

ANVERS, ce 12 juillet 1850.

ALBANO.

Lundi, 13 avril 1846.

Celui qui n'a vu que son pays, n'a lu qu'une
page de l'histoire du monde.
CHATEAUBRIAND.

Sur les collines fleuries d'Albano on retrouve la belle végétation de Tivoli et de Castel Gondolfo; on se promène à mille
pieds au-dessus du niveau de la mer, sur les ruines du lac, dont
les eaux de cristal, cernées de hauts platanes, de bosquets, de
myrtes et de lauriers, embellissent ces riantes contrées si différentes de la campagne de Rome. Ici nous sommes au cœur du
Latium, au milieu des souvenirs des Tullus Hostilius et des
Horaces. Près de nous est *Albe-la-longue* et le lieu où l'on
voyait encore, au temps de Tite-Live, le tombeau des deux
frères dont la chute faillit faire passer Rome sous le joug de
cette ville rivale. On croit sans fondement le retrouver dans le
mausolée qui s'élève près d'une des portes d'Albano du côté
d'*Ariccia.* Ce monument quadrangulaire de quarante cinq pieds,
est surmonté de cinq pyramides de dix pieds de diamètre. Il est

d'un goût très remarquable : de ses quatre tourelles en forme de cônes, il en reste encore deux, revêtus de pierre péperine ; le noyau de la pyramide du milieu est formé de cailloux pétris avec la pouzzolane. Une des pyramides des angles est totalement détruite ; les autres le sont en partie. Ce tombeau devait être d'un bel effet ; dans l'état actuel, ses ruines, qui se confondent avec les ronces, sont d'un pittoresque admirable. On l'attribue vulgairement à Ascagne, fils d'Enée, fondateur d'*Albe-la-longue ;* mais comme ce tombeau fut élevé dans la maison de campagne de Pompée, en face de son palais, on croit avec plus de fondement, suivant le récit de Plutarque, qu'il fut érigé par le même héros pour y placer les cendres de Julie, son épouse, fille de César. Plus loin le même historien rapporte que ce fut dans ce mausolée que furent déposées les cendres de Pompée lui-même, par Cornélie sa quatrième femme.

L'ancienne et fameuse ville d'*Albe-la-longue,* de laquelle les Romains tiraient leur origine et qu'ils détruisirent l'an de Rome 88, était située entre la montagne, appelée aujourd'hui *Monte Cave* et le *Lago di Castello.* Le père Kircher, célèbre jésuite, et plusieurs autres antiquaires croient qu'elle s'étendait depuis Palazzolo jusqu'à Castel Gondolfo ; mais Eschinardi et Venuti la placent seulement à Palazzolo. Cette antique ville fut bâtie, dit-on, par Ascagne, quatre cent quatre vingt sept ans avant Rome :

Ante oculos Laurens castrum murusque Lavini est
Albaque ab Ascanio condita longa fuit. (*)

La nouvelle ville d'*Albe,* différente de l'ancienne, fut fondée

(*) Tibulle.

du temps de Pompée ou de Néron, car il en est parlé dans Suétone. L'histoire nous apprend aussi qu'il y avait un évêque d'*Albe*, lors du concile de Milan, tenu sous Constantin.

L'empereur Domitien avait un palais considérable au pied de la montagne d'*Albe*. Ce bâtiment s'élevait sur les villas de Clodius et du grand Pompée. On sait que ce dernier s'y plaisait beaucoup ; il y donnait des combats de gladiateurs, des spectacles, des jeux, y rassemblait des gens de lettres et prenait intérêt à leurs disputes littéraires. On voit encore les ruines d'un amphithéâtre et un bassin d'eau dans les jardins de l'abbaye de Saint Paul, qui passent pour être les restes du palais de Domitien, mais que Piranesi croit être d'une plus haute antiquité et qu'il rapporte à un camp des premiers Romains. D'autres pensent que le palais de Domitien était sur une des montagnes d'*Albe*, vers le couvent des capucins, et que la villa Barberini est située sur les ruines du palais de Clodius. Ils mettent la maison de Stace au collége des Jésuites d'Albano, entre celles de Clodius et de Gallus ; le tombeau, qui est derrière l'église de saint Sébastien, pourrait bien être, selon eux, celui de la maison de Gallus. Les réservoirs d'eau construits sous terre supposent naturellement de grands palais ; on les construisait, soit pour des bains dont les Romains faisaient un usage continuel, soit pour l'entretien des pièces d'eau qui étaient dans les jardins. Ceux d'Albano sont encore bien conservés ; on y reconnaît la manière dont l'eau y arrivait et les issues qui servaient à les vider ; ils sont revêtus d'un enduit aussi poli et aussi dur que le marbre et qu'on appelait *opus segninum* , en sorte qu'il est probable que c'était là le palais de Domitien.

Le *Monte Cave*, autrefois *Mons Albanus*, tirait son nom de l'ancienne ville d'Albe, dont nous avons parlé. Le nom moderne de *Monte Cave* vient de ce qu'il forme, du coté de Rome, une espèce d'enfoncement ou de concavité.

C'est ici, dans une espèce de plate-forme en fer à cheval, que Romulus inaugura la religion des peuples Aborigènes; c'est au sommet de cette montagne que son successeur Tarquin l'ancien, bâtit plus de cinq cents ans avant Jésus-Christ, des dépouilles de l'ancienne *Suessa Pometia,* capitale des Volsques, le fameux temple de *Jupiter Latialis,* divinité cruelle qui voulait du sang humain à l'ouverture des jeux établis en son honneur. Le couvent des Passionistes a été élevé sur les ruines de ce temple, dont il ne reste aujourd'hui presque aucune trace. On a reconnu la voie antique par laquelle on allait vers la colline, qui est au-dessus d'Ariccia et qui s'appelait dans ce temps *Mons Vibius.* Cette montagne était regardée comme sacrée, parceque le tonnerre y tombait souvent. On y voyait aussi un temple de *Juno Moneta.* Pour honorer et la mémoire de leurs aïeux et le berceau de leur religion, les Romains y venaient célébrer les *Féries latines* (*) et sacrifier, chaque année en commun, avec trente sept autres peuples du pays latin, au dieu à qui cette montagne était consacrée. Ces *Féries* ou *foires,* se tenaient dans une belle plaine au pied du mont Albano, à l'endroit appelé *Forum populi,* où l'on trouve à présent le village de *Rocca di Papa.* Les généraux romains qui avaient vaincu les ennemis de la république, mais qui ne pouvaient obtenir le triomphe dans Rome, parce que leur victoire n'était pas assez importante, triomphaient au mont Alban. On a reconnu l'ancienne voie triomphale, qui, en se détachant de la voie latine, conduisait au temple de *Jupiter Latialis.* La route est dans un état de parfaite conservation, et les

(*) De *Feriæ* est venu le mot italien *Fiera* et le mot français *Foire.*

pavés en polygones de lave basaltine sont bien unis. Çà et là, les pierres sont empreintes des lettres initiales N. V. *Numinis via*.

On voit encore une multitude de gros blocs de pierre, qui viennent, soit du temple, soit des fortifications dont la montagne était munie. On y trouve des piédestaux, des restes de colonnes, de corniches, qui prouvent que l'architecture de cette époque était déjà très correcte.

Cette montagne d'Albano, si célèbre par les événements de l'histoire romaine, est remarquable encore par la formation et les phénomènes qu'elle offre au naturaliste; c'est une éminence presque détachée des autres montagnes du *Latium*, couverte de matières qui sont tantôt homogènes, tantôt hétérogènes; on y trouve des blocs de pierre qui renferment des minéraux et des matières vitrifiées; des pierres ponces et des laves, semblables à celles du mont Vésuve.

A une distance d'environ deux lieues de la mer et dans une position ravissante est bâtie la charmante Albano. Cette ville, assise sur le versant d'une colline, couvre les ruines des villas de Pompée, de Clodius et de Domitien. Traversée par la *voie Appienne*, qui s'étend de Rome à Brindes, elle possède les beaux palais des Doria et des Corsini. Dès que les ardeurs de la canicule commencent, Albano devient le rendez-vous général d'une foule d'étrangers de distinction qui quittent Rome pour se soustraire à sa chaleur étouffante. Alors aussi la haute société romaine vient y déployer sa splendeur, et y étaler son luxe, et cette cité brille dans la montagne gaie et joyeuse, comme une riche perle aux yeux du voyageur enchanté. Toute cette contrée a conservé dans sa pureté primitive le type des figures romaines, telle que le beau idéal les fait souvent représenter. Le costume des Albanaises est très recherché: elles aiment les couleurs vives ; les étoffes de leurs vêtements, couvertes de broderies, représentent des fleurons, espèces d'hieroglyphes que les habitants de ces riches environs ont empruntés aux Grecs ou aux Espagnols et que l'on retrouve au Tyrol, en Suisse et jusque dans l'Alsace.

Sur la porte de l'église de *Sainte Marie de la Rotonde*, on admire de magnifiques ornements de marbre sculpté en feuilles d'acanthe, pris de quelque ancien édifice. L'intérieur de cette cathédrale offre peu de richesses artistiques, mais conserve encore le précieux souvenir de son illustre évêque, le cardinal saint Bonaventure, surnommé le *docteur séraphique*. Ce vénérable prélat tombé malade au milieu du concile général de Lyon, où il travaillait avec un zèle ardent à l'union de l'Orient et de l'Occident, eut encore la force d'assister à l'abjuration du grand chancelier de Constantinople, la plus glorieuse de toutes ses conquêtes.

Quand on est sur la terrasse du couvent des capucins, on découvre le lac d'Albano, dont la vue est très belle : il a sept à huit milles de circuit ; sa forme est plus longue que large et très irrégulière ; il est environné de montagnes assez escarpées ; le château de Castel Gondolfo parait à gauche sur les montagnes ; à droite on découvre le couvent de Palazzolo, où résident des religieux d'*Ara-cœli* de Rome.

Une belle avenue de chênes verts conduit d'Albano près de Castel Gondolfo au lac *di Castello*, qui remplit le cratère presque oval d'un ancien volcan. En effet, on trouve encore une lave légère du côté de *Marino* et d'*Ariccia*, que l'on dirait mêlée de différentes substances minérales. C'est une espèce de *peperino* ou pierre propre à bâtir, que les anciens appelaient *lapis Albanus*. Cette lave se trouve, non dans l'intérieur de la montagne, mais à la surface de la terre et disposée par couches, comme si elle se fut répandue par dessus les bords du bassin lorsqu'elle était coulante, et qu'elle se fut condensée ensuite par un refroidissement instantané. On trouve dans l'intérieur de cette pierre du talc, des pyrites en forme de prismes à huit et à douze faces, un charbon fossile, du bitume, des fragments de marbre et des scories ou écumes : toutes ces substances sont empâtées et incrustées dans cette pierre. Cette lave ressemble assez à la cendre du Vésuve, à cette espèce de pouzzolane qui a recouvert Herculanum et Pompeia, mais qui, au lieu d'avoir été divisée et dispersée par une éruption plus forte, est restée en masse ; elle a un peu plus de matière glutineuse que celle du Vésuve, parce qu'elle n'a pas été torréfiée par un feu aussi violent.

Les environs de la montagne sont remplis de pierres qui paraissent brûlées et de gros sable, qui est une véritable pouzzolane, ayant la propriété de faire un ciment de la plus grande dureté ; cela provient des parties métalliques qui s'unissent avec la chaux ; ainsi le *peperino* et la *pouzzolane* ne diffèrent essentiellement pas, mais seulement par le degré de vitrification.

Le lac d'Albano possède encore son superbe émissaire, canal souterrain, creusé dans la montagne, long d'une demi-lieue, ayant quatre pieds de largeur sur six pieds de hauteur. Il sert à répandre les eaux du lac dans la plaine qui est au-delà de la montagne, lorsqu'elles sont trop hautes. (*) Ce canal fut construit, suivant Piranesi, (**) 590 ans avant Jésus-Christ, à l'occasion d'une crue extraordinaire et subite des eaux du lac,

(*) Ce que rappelle Cicéron quand il dit : ex quo illa admirabilis à majoribus Albanæ aquæ facta deductio est.
(**) Antichità d'Albano e di Castel Gondolfo. Romæ 1762.

arrivée dans le temps même que les Romains étaient occupés au
fameux siège de Vcïes ; les eaux élevées de trois cent neuf pieds
au-dessus du niveau ordinaire, menaçaient Rome d'une inonda-
tion terrible : le siége trainait en longueur ; on envoya des
députés à Delphes pour y consulter l'Apollon Pythien ; l'oracle
répondit que les Romains prendraient la vîlle de Veïes, quand
ils auraient fait écouler les eaux du lac, en empêchant qu'elles
ne prissent leurs cours vers la mer. Il se trouva qu'un des
Veïens pris par des soldats romains et qui se disait inspiré,
avait fait la même réponse et répandu le même bruit dans les
esprits crédules des Romains. On ne douta plus de la nécessité
de ce travail et on l'entreprit avec tant de vigueur qu'il fut exécuté dans le cours d'une année. On perça la montagne qui
borde le lac à l'endroit où est le château de Castel Gondolfo.
Piranesi nous a donné une ample description de ce canal et des
deux châteaux d'eau dont l'un est à l'entrée du canal, en face
du lac et l'autre à l'issue du canal dans la plaine. Cet ouvrage
étonnant fut construit avec tant de solidité et tant d'exactitude,
qu'il sert encore au même usage sans avoir eu besoin de réparation ; on croit voir un monument égyptien ; même goût
d'architecture et même façon de construction : les Romains
travaillaient pour immortaliser leur nom. On ne peut concevoir
comment on ait pu percer, en si peu de temps et au travers du
rocher, un canal si étroit, où l'on ne pouvait placer que deux ou
trois ouvriers. Piranesi pense que cette excavation se fit par
stations et qu'on avait percé des puits de distance en distance
pour descendre sur la ligne du canal et le travailler tout à la fois
en plusieurs endroits. Mais on a bien de la peine à concevoir
comment on a pu ouvrir ce canal jusqu'au lac, dans le temps
même où les eaux s'élevaient à une si grande hauteur. Piranesi

prétend qu'on connaissait déjà dans ces temps l'architecture hydraulique et le nivellement et qu'il n'est pas nécessaire de recourir à des temps postérieurs à la guerre de Persée, pour expliquer le grand égoût de cette capitale, fait sous le règne des premiers rois. A la vue de ce tunnel encore bien conservé, quoiqu'il date de 2256 ans, comment ne pas admirer le puissant génie du peuple-roi, et l'habileté de Camille qui, triomphant de l'impatience de son armée, sut l'occuper à un travail de longue haleine en attendant le moment favorable pour s'emparer de la ville ennemie !

Tite-Live dit que la terre s'ouvrit autrefois près du mont Albano , formant un gouffre horrible , que sur la montagne même il tomba des pierres en forme de pluie et qu'au temps du siége de Veies, après une grande sécheresse, le lac d'Albano s'enfla, surmonta les bords du bassin et inonda les campagnes jusqu'à la mer (*). L'histoire ne nous a pas conservé la date ni même le souvenir des événements arrivés dans les siècles antérieurs ; mais on en reconnait la trace en voyant les bords de ce lac formés d'une espèce de lave ferrugineuse et à moitié vitrifiée ; elle est disposée par couches inclinées du côté extérieur, c'est-à-dire, vers les campagnes où elle a dû couler ; les collines qui partent du lac d'Albano, comme autant de rayons, sont elles-mêmes formées de couches disposées de la même manière.

En descendant jusqu'au bord du lac, on voit deux grottes ou *nymphées,* creusées dans la lave, espèce de monument dont il est parlé dans Homère et Virgile. On croit que les *nymphées* étaient des salles où se faisaient les noces, ou bien des salles ornées de statues de nymphes et destinées à prendre le frais :

(*) Dec. 1. liv. II.

celles d'Albano sont creusées dans la montagne ; l'une des deux,
appellée *Grotta di Bergantino,* est taillée régulièrement et décorée
d'architecture ; on y voit encore les niches et les bancs où l'on
se reposait. Le terrain forme dans le milieu une espèce de bassin,
qu'on faisait remplir d'eau pour y prendre des bains. Une de ces
nymphées dépendait de la maison de Clodius, où est située la
villa Barberini.

Entre Albano et Castel Gondolfo, on aperçoit les ruines d'un
amphithéâtre, sur lesquelles plusieurs grands arbres ont pris
croissance. Les racines se sont insinuées d'une manière surprenante entre les pierres et les briques les mieux cimentées : elles
ont tendu et fait entrouvrir les murailles et se sont formées,
malgré tout ce qui leur faisait obstacle.

Il croît dans ces environs un champignon à tête ronde qui a
souvent un pied de diamètre et dont la texture est si délicate et le
goût si agréable qu'on le réserve pour la table des princes. Jadis
par un droit seigneurial, les habitants étaient obligés de faire
garder nuit et jour un de ces champignons, quand on l'apercevait avant sa maturité. L'embarras que causait une semblable
surveillance, qui pouvait durer quelquefois pendant quinze
jours, fit qu'on eut grand soin de les écraser, lorsqu'on ne
craignait pas d'être surpris.

Le gros village de Castel Gondolfo, bâti sur une hauteur par
la famille romaine Gondolphe, dont Othon fut sénateur de Rome,
en 1153, est situé dans une position si agréable, que les Papes,
depuis Paul V y passent quelques jours au déclin de l'été. Le
palais pontifical est d'une grande simplicité, mais le point de
vue est magnifique ; de la plate-forme on embrasse toute la
campagne romaine, qui a la majesté du désert sans en avoir
l'àpreté, et où la ville éternelle avec ses dômes dorés, ses colonnes

de marbre, ses obélisques de granit et ses palais immenses, apparait comme une majestueuse oasis féconde en monuments.

En entrant à Castel Gondolfo, on voit la villa Barberini, dont les jardins renferment les ruines de la maison de campagne de Domitien ; il en reste des fragments considérables qui permettent de conjecturer que cette villa était régulière et formée sur un plan général. On trouve en différents endroits des chambres voùtées, un mur avec de grandes niches de distance en distance et de petites niches dans leur pourtour ; il y a actuellement au-dessus de ce mur une rangée de gros arbres, dont les racines ont pris dans la pouzzolane et dont les tètes font saillie sur une allée où ils portent un bel ombrage ; ces arbres sont taillés carrément en massifs, comme tous ceux qui croissent dans ce jardin. Cette villa était fort étendue puisqu'on y avait ajouté celle de Publius Clodius, qui occupait une grande partie du moderne Albano et qui s'étendait par le versant de la colline jusqu'aux rives du lac et de l'antique Albe, c'est-à-dire, vers Palazzola, nom qui pourrait bien offrir quelque conjecture à ce que le nom antique du lieu eut été Palatium et peut-être Palatiolum puisque près de là Domitien eut son plus grand palais, lequel par rapprochement avec le Palatin ou Palatium de Rome pouvait bien s'appeler Palatiolum, petit palais.

Le plan du jardin est formé de trois allées fort longues, dans l'intervalle desquelles il y a des allées de traverse qui entourent de grands carrés de verdure; celle sur la droite en entrant forme une longue et belle terrasse, portée sur une superbe voûte antique encore bien conservée. Celle à gauche règne le long du grand mur dont nous avons parlé.

L'église collégiale de Castel Gondolfo, dédiée à saint Thomas de Villeneuve, forme une croix grecque, avec coupole et pilastres doriques. Alexandre VII la fit construire, en 1661, sur le dessin de l'architecte Laurent Bernini ; elle est réputée pour un de ses meilleurs ouvrages. Sur le maitre-autel on admire un beau tableau de Pierre de Cortone ; l'autel à gauche offre une *Assomption* de Charles Maratta.

On nous fit remarquer près de Castel Gondolfo, l'endroit où Milon allant à Lanuvium sa patrie, dont il était dictateur, fut attaqué par le tribun Clodius, qui venait à cheval d'Aricia et que Milon tua. (*) On croit que ce triste événement arriva près de l'église de saint Sébastien, où existait jadis le temple de la *Buona madre del viaggio*. Milon, exilé pour ce meurtre, donna lieu à la plus belle harangue de Cicéron.

Sur la route de Velletri, on gravit une crête sur laquelle est assise la moderne *Ariccia*. Ce gracieux petit village occupe la place de la forteresse de l'antique *Aricia,* dont il conserve le nom. On prétend que cette ville fut fondée, deux cents ans avant la guerre de Troie, par Archiloque de Sicile. Quoi qu'il en soit, elle fut la patrie d'Atia, mère de l'empereur Auguste. Les ruines à peine reconnaissables de cette cité se voient au-dessous du village, à l'endroit appelé *Orto di mezzo*. Nous visitâmes l'église avec sa belle coupole ainsi que le palais Chigi ; ces deux ouvrages de Bernini présentent un ensemble bien entendu et des détails admirables. Deux jolies fontaines occupent la place publique.

Auprès du lac Nemi, encadré, comme celui d'Albano, par des coulées de laves et des rochers volcaniques, est gracieusement située la petite ville de *Genzano,* dont les principales rues, larges et droites, aboutissent à une place spacieuse, ornée de

(*) Ce fait arriva 52 ans avant Jésus-Christ.

deux fontaines, entourées de colonnes. Le dernier jour de l'octave de la *Fête-Dieu,* le pavé des abords de la vaste église et les rues par lesquelles passe la procession, surnommée l'*Infiorata,* sont décorés de charmantes mosaïques jonchées de fleurs : décoration brillante qui fait découvrir le bon goût et le sentiment des arts jusque dans une localité de nulle importance.

L'air qu'on respire à Genzano est sain ; les vignobles des environs jouissent en Italie d'une grande réputation ; mais les vins ne sont pas ici un objet d'exportation. En général les vins italiens se consomment exclusivement dans l'intérieur du pays, excepté celui qu'on recueille sur les flancs du Vésuve. Les champs y sont partout cultivés avec le plus grand soin. C'est donc à tort que l'on accuse le gouvernement pontifical d'entretenir la fainéantise et d'être l'ennemi de l'agriculture. Toutes les parties fertiles ou naturellement productives des Etats romains se couvrent de belles moissons ; mais la plupart des voyageurs n'ayant vu que les arides plaines de la campagne de Rome, émettent leur jugement avec trop de précipitation. Le défrichement de ces terres parsemées de ruines a été entravé par des causes indépendantes de la volonté des Souverains Pontifes et il est bien à craindre qu'elles existeront toujours.

Le lac de Nemi, que les anciens appelaient le *miroir de Diane, speculum Dianæ,* était jadis remarquable par le temple de cette déesse, appelée aussi *Cyntia* par les anciens, et par les fêtes qu'on y célébrait en son honneur près de l'endroit appelé *Cyntianum,* aujourd'hui Genzano.

Ce lac donne son nom au château qu'on appelle *Nemi.* C'est l'endroit dont parle Virgile quand il dit :

Contremuit Nemus, et sylvæ intonuère profundæ.
Audiit et Triviæ longe lacus. (*)

« Tout Nemi frémit et les forêts profondes retentirent au loin. »
Le lac de Nemi a un canal d'écoulement, *emissario,* mais il
n'a ni la grandeur, ni la beauté de celui du lac d'Albano, dont
nous avons parlé. Strabon, dit que vers cet endroit, à gauche
de la *voie Appienne* en allant d'Ariccia vers la *via Aricina,* il y
avait un bois consacré à Diane de Tauride, et un temple élevé
à cette même déesse par Oreste et Iphigénie, où l'on observait la
coutume barbare d'immoler des victimes humaines, lorsqu'on
faisait le choix des prêtres. C'était ordinairement un esclave qui
était le ministre de la déesse, et l'élection se faisait par un
combat singulier entre deux personnes de cette classe. Celui
qui avait tué son compétiteur ceignait son front des bandelettes
sacrées. Les prêtres changeaient souvent parce que si l'un ou
l'autre fugitif voulait obtenir l'impunité de ses crimes, il n'avait
qu'à risquer sa vie, en se mesurant en champ-clos avec le
prêtre de Diane, et s'il le tuait, il se mettait à sa place. C'est
pour cette raison que Strabon dit que ce ministre devait toujours avoir l'épée hors du fourreau pour se défendre des piéges
qu'on lui tendait.

Dans l'endroit appelé *villa del duca,* on trouve des ruines qui
passent pour celles de la maison des Antonins, que l'on sait
avoir existé dans ces environs. Plusieurs bustes, trouvés dans
les fouilles qu'on y a faites, décorent aujourd'hui la salle des
empereurs au Capitole.

A quelque distance de Genzano, on aperçoit, au milieu des

(*) Æneid. lib. VII. 515.

bois, un ancien monastère des Bénédictins du Mont-Cassin, dont l'architecture est tout-à-fait orientale et rappelle l'origine première des ordres monastiques, qui de l'Orient sont venus en Occident apporter à l'Europe les sciences de l'Asie et les bienfaits de l'agriculture.

Non loin d'Ariccia, on trouve Civita Lavinia, patrie d'Antonin le pieux et de Milon. A droite de la *voie Appienne* sont les restes du temple de *Juno Lanuvia, sospita,* ou *salvatrix,* célèbre du temps des Romains et dont la statue est au Capitole ; c'est celle dont les brodequins sont en croissant. Ses épaules sont couvertes d'une peau de chèvre ; de la main gauche elle soutient un bouclier et sa droite est armée d'une lance. A ses pieds se trouve un serpent, image du reptile qu'on croyait s'être caché dans la caverne à côté du temple. Chaque année, quelques jeunes filles devaient offrir au monstre une fouace. On y célébrait des mystères comme ceux d'*Eleusine,* et les consuls, en prenant possession de leur dignité, venaient y faire des sacrifices.

Civita Lavinia, autrefois *Lanuvium,* ville célèbre dans l'ancienne histoire romaine, est encore aujourd'hui une petite ville fort intéressante. Son histoire remonte aux temps héroïques, puisque l'on prétend qu'elle fut bâtie par Diomède, qui y aborda après un naufrage. Les habitants sont tellement vaniteux de leur origine, qu'ils ne manquent jamais de montrer aux voyageurs un anneau moderne de fer, attaché à une tour, où ils assurent qu'Enée amarra son vaisseau quand il arriva dans le *Latium.* La mer depuis ce temps devrait s'être bien retirée. Le vin est exquis aux environs de cette ville, et les vues y sont très pittoresques.

VELLETRI.

Après une route de six milles, nous entrâmes dans Velletri, situé sur le penchant du mont *Artemisio*. Cette antique cité, une des principales villes des Volsques, qui résista quatre siècles aux efforts des Romains, fut le théâtre de la gloire de Camille et la patrie d'Auguste. Othon et Néron l'habitèrent ; Tibère et Caligula venaient souvent s'y reposer après leurs cruelles proscriptions et en préparer de nouvelles.

Les palais les plus remarquables de cette ville, bâtie sur la lave, sont ceux de l'évêque, du cardinal Borgia et des comtes Lancellotti. Celui-ci, transformé en auberge, est orné d'un des plus beaux escaliers en marbre de toute l'Italie ; il conduit à trois étages, entourés d'élégants portiques, où sont des appartements. Les jardins de ce palais avaient, dit-on, autrefois six milles d'étendue et les eaux de ses fontaines étaient amenées de la montagne de Faiola, à cinq milles de distance, par des aqueducs, dont une partie a été creusée dans la montagne. Le célèbre musée du cardinal Borgia, qui fait maintenant partie du *Museo Borbonico* à Naples, y attirait autrefois les voyageurs instruits. Il se composait de tableaux de la renaissance, de statues, de médailles, d'ustensiles, de vases égyptiens, indiens et mexicains, et de bas-reliefs volsques en terre cuite, témoins des progrès que fit dans les arts ce dernier peuple que l'histoire romaine ne nous représente que comme guerrier.

On a souvent découvert à Velletri de précieuses antiquités et c'est des fouilles, faites au commencement de ce siècle, que provient la magnifique *Pallas Villiterna* que possède le musée de Paris. L'architecture de l'hôtel de ville est élégante. Les souterrains de cet édifice servent de prison. On y voit, en passant, des malheureux qui ne cessent d'exciter la charité par des gestes et des cris qui déchirent le cœur.

Les femmes de Velletri sont coiffées d'une manière particulière : toutes portent sur la tête une pièce d'étoffe en soie violette ou noire, dont les bouts tombent négligemment et fort bas des deux côtés de la figure.

L'église cathédrale, dédiée à saint Clément, Pape et martyr, bâtie dans le style gothique, a de la beauté, de la grandeur et de justes proportions. L'intérieur offre une voûte fraîchement et richement dorée, des peintures neuves, un buffet d'orgues d'un travail très recherché et orné de dorures ; la chapelle de la sainte Vierge, construite récemment, se distingue par son dôme élégant et par l'éclat de ses ornements.

Velletri reçut le don de la Foi du temps de saint Pierre, par le ministère d'un des soixante-douze disciples de Notre-Seigneur, saint Epaphrodite, premier évêque de Terracine, que le

prince des apôtres y envoya pendant que lui-même évangélisait
la plupart des villes d'Italie, où il fondait des églises et éta-
blissait des évêques.

En quittant Velletri on redescend dans la plaine et on se
retrouve dans un pays aussi varié que riche et bien cultivé. La
route est partout bordée de belles haies fleuries ; des arbres
garnissent les champs, et dans le lointain, on découvre d'antiques forêts. Nous saluâmes de loin la ville de *Cori*, l'ancienne
Cora, fondée par les Troyens, avant la fondation de Rome,
célèbre par ses temples d'Hercule et de Castor et Pollux. Le
premier, élevé sous le règne de Claude, regardé pour sa
légèreté comme le plus parfait modèle du bel ordre dorique,
est merveilleusement posé sur un soubassement de rocher
tout à fait isolé ; il ne reste du second que deux colonnes corin-
thiennes et l'inscription sur la frise.

La culture, riche et intelligente de ces environs, consiste
principalement en vignes et en oliviers. A côté des vignobles
croissent toujours les roseaux, qui, dans ce pays, comme dans
une partie de la Toscane, remplacent les échalas en bois ; par
leurs tiges sveltes, par leurs longues feuilles retombant en cour-
bes gracieuses et par les larges panaches de leurs épis balancés
au gré des vents, ils donnent à la contrée un aspect féérique aux
yeux d'un habitant du Nord.

A notre passage la route était couverte de chariots légers, chargés de vins, contenus dans des tonneaux de petite dimension ;
ils sont ainsi construits pour que les chevaux puissent en porter
deux à la fois dans les montagnes, au moyen de doubles bâts.

A quelques milles de Velletri, le paysage perd de sa variété ;
des plaines et des pâturages monotones remplacent les vignes,
les côteaux et les terres bien cultivées. On croit déjà s'aperce-

voir de l'approche des marais Pontins ; déjà on prend ses précautions contre les bandes de voleurs, autrefois si fréquentes et si dangereuses dans ces contrées. Des postes de carabiniers étaient jadis établis sur toutes les routes, à chaque mille de distance, pour protéger les voyageurs, ou plutôt pour les rassurer ; les brigands aujourd'hui y sont tellement rares, qu'on regarde comme fabuleux le récit du voyageur qui vient se plaindre d'avoir été assailli, et grâce aux mesures de vigueur qu'on a prises contre eux, il n'en est fait mention aujourd'hui, si ce n'est dans les relations de quelques touristes qui s'évertuent à critiquer en tout les États Pontificaux. C'est au cardinal Benvenuti, gouverneur de Frosinone pendant les guerres de l'Italie, qu'on doit en partie la destruction de ces bandes redoutables.

Au bout de la plaine, entre le terrain sec et celui des *marais Pontins,* est assise *Cisterna.* Ce bourg compte dix-huit cents habitants, en proie à la fièvre, pendant presque la moitié de l'année. D'après une constante tradition, *Cisterna* est le lieu dont il est parlé dans les actes des apôtres sous le nom de *Tres tabernæ :* saint Paul, l'illustre prisonnier du Christ, se rendant de Pouzzoles à Rome, les frères de cette dernière ville vinrent à sa rencontre jusqu'au *Forum* d'Appius, et aux *trois tavernes.* Paul les ayant vus, rendit grâces à Dieu, et en prit confiance (*). Le récit de saint Luc, nous apprend que deux réunions de chrétiens vinrent au-devant de saint Paul ; l'une s'avançait jusqu'au *Forum* d'Appius, près d'Antium, l'autre s'arrêta aux *trois tavernes.* Ce fut peut-être pour ne pas attirer l'attention par un concours trop nombreux, que ces chrétiens jugèrent à propos de se séparer ; peut-être aussi voulurent-ils

(*) Act. apost. cap. XVIII—15.

témoigner à saint Paul plus de vénération, en se plaçant à
différents endroits sur sa route, comme il était d'usage de le
faire lorsqu'on allait à la rencontre de quelque grand personnage. La venue de ces députés de l'Eglise romaine donna
beaucoup de consolation à saint Paul. Ils s'entretinrent, sans
doute, chemin faisant, des progrès de la foi et de la puissance
de l'idolâtrie, dont Rome était le siége principal. Les lieux
qu'ils traversaient disaient eux-mêmes beaucoup de choses.
L'apôtre passa au pied du mont Albain, aujourd'hui *Monte
Cave*, qui avait été le plus ancien foyer du paganisme romain.
A quelque distance de la ville et jusque près des portes, la
voie Appienne, que saint Paul suivit avec son cortége, était
garnie, à droite et à gauche, de tombeaux fameux ; le christianisme n'avait pas encore les siens, mais Néron était prêt,
et les catacombes allaient s'illustrer. Entre le sépulcre de
Cecilia Metella et celui de la famille des Scipions, saint Paul
chemina le long d'un souterrain, qui devait devenir, quelque
temps après, le plus vaste cimetière des martyrs. Un peu plus
loin, les bruits de Rome se firent entendre : les remparts, les
temples apparurent. Sur les bords de la route, tout près des
murs de la ville, se trouvaient, d'un côté, le temple du dieu de
la guerre avec ses cent colonnes ; de l'autre côté, le temple de
la tempête. L'apôtre passa au milieu, plein de confiance en
Celui qui *renverse et qui édifie*, et il entra dans Rome par la
porte *Capena*. Voilà l'itinéraire que l'on peut déduire des
renseignements contenus dans les actes des apôtres. (*)

De *Torre de'tre Ponti*, simple relai de poste, on commence à
découvrir les *marais Pontins* (**) : ils forment une vaste plaine

(*) Rome chrét. ch. I. — (**) Voir mes souvenirs d'Italie, pag. 29.

de trois lieues de largeur, sur huit lieues de longueur, et occupent l'espace compris entre le pays des anciens Rutules et des Volsques, c'est-à-dire, entre Ardée, Antium et Terracine d'une part, les monts Lepini et la mer Tyrrhénienne de l'autre.

Autrefois pour aller à Terracine, il fallait passer les montagnes de Vezzo et de Piperno, voyage incommode, tandis qu'aujourd'hui, grâce à l'immortel Pie VI, on suit, au milieu de ces marais, une route tirée au cordeau et plantée presque dans toute sa longueur de vingt-cinq milles, de quatre rangées d'arbres; c'est ainsi que les Papes, qui ont de si faibles revenus et dont on accuse sans cesse le gouvernement, sont parvenus à faire plus que n'avaient fait les empereurs romains, malgré leurs trésors et leur puissance.

Sur cette route superbe qui permet de franchir promptement les *marais Pontins*, on trouve de bonnes prairies qui nourrissent des troupeaux de bœufs magnifiques aux cornes immenses et des chevaux indomptés. Pour le service de la poste, il arrive souvent qu'on va les surprendre au pâturage, comme dans les steppes de la Sibérie; et telle est leur ardente vigueur, qu'à peine attelés, ils s'élancent avec une vitesse effrayante. S'ils trouvent, sur leur chemin, d'autres chevaux pâturant en liberté, leur furie augmente, ce qui n'est pas sans péril pour le voyageur. On emploie également le buffle au labourage et à la remonte des bâteaux. Plus fort, plus ramassé dans sa taille, quoique plus grand que le bœuf, d'un pelage plus sombre, ayant la tête entièrement noire, il est dangereux pour l'homme qu'il n'a pas l'habitude de voir, et il court sur lui. Son œil est farouche, son poil rude comme celui d'un sanglier; il n'a ni la noble gravité du taureau, ni l'impétueuse élégance du cheval. Il aime à se vautrer dans la vase, à fouiller dans les racines des plantes aquatiques et à passer les heures chaudes de la journée, plongé jusqu'au cou dans les canaux. Sa voix est un mugissement grave et puissant qui a quelque chose de lugubre. On pourrait l'appeler le rhinocéros des contrées tempérées. Le soir, lorsque le pâtre veut le faire sortir des canaux, il frappe l'eau de sa lance et pousse de grands cris. A ce signal, le buffle s'agite pesamment et sort enfin de sa retraite tout couvert de fange et d'herbes marécageuses. La vigueur des buffles est telle, que deux de ces animaux ont la force de quatre chevaux. L'espèce, dont nous parlons, originaire des Indes Orientales, fut introduite en Europe par les Portugais, au milieu du seizième siècle, et ne prospère que dans un climat dont la température moyenne est de douze à treize degrés Réaumur.

A gauche de la route, à deux milles de distance, on découvre la chaine des Apennins, derrière laquelle sont les Abruzzes; une forêt immense dérobe à droite la vue de la mer, qui en est à quatorze ou quinze milles. Cette forêt est peuplée de chevreuils et de sangliers, qui, de là se répandent dans les marais.

A l'extrémité du cap occidental des marais et à l'embouchure de l'*Astura* se trouvent la tour et le petit port du même nom. C'est là que Cicéron, fuyant la proscription des triumvirs, s'embarqua pour se rendre à sa maison de campagne, le jour même où il fut assassiné par le tribun Popilius Lenas, qui, jadis accusé d'un crime capital, avait dû la vie au grand orateur. C'est là aussi que le jeune Conradin fut trahi, arrêté et livré par Frangipani, seigneur d'Astura, à son implacable rival, Charles d'Anjou, roi de Naples. A l'autre extrémité s'élève le *monte Circello*, où la fable a placé la magicienne Circé et les imprudents compagnons d'Ulysse. Toute cette côte, depuis l'embouchure du Tibre jusqu'à la pointe de la Calabre, est enrichie de souvenirs fabuleux ou historiques.

Il ne reste presqu'aucun vestige des vastes et somptueux édifices d'Antium, si ce n'est les restes d'un immense bâtiment de bains, de grands souterrains voûtés et des ruines difformes sur le bord de la mer. Cette ville était une des principales des Volsques ; elle tirait son nom d'un des fils d'Ulysse et de Circé. Antium fut célèbre par les guerres des Antiates et des Volsques contre les Romains, l'an 492 avant Jésus-Christ. Ce fut à Antium, que Coriolan fut tué trois ans après. Numicius détruisit le port de cette cité, l'an 470. On y envoya une colonie deux ans plus tard ; mais les Antiates reprirent, en 460, les armes ; Cornelius les subjugua et les punit par la mort des principaux d'entre eux, qui furent passés au fil de l'épée. Camille les défit encore, l'an 386, et Valerius Corvus, en 347 ; mais ce ne fut que l'an 318 que les habitants d'Antium, à l'exemple de ceux de Capoue, demandèrent des lois à la république et cessèrent d'aspirer à l'indépendance. Il avait fallu quatre cent trente-six ans aux Romains pour assurer leur domination sur cette ville belliqueuse, qui n'était pourtant qu'à onze lieues de leur capitale.

Denis d'Halicarnasse dit que les habitants d'Antium étaient devenus redoutables à la Grèce par leurs pirateries, aussi bien que les Etrusques ; Démétrius avait engagé le sénat de Rome à leur défendre ces brigandages.

Le temple de la *Fortune* qu'on voyait dans cette ville avait du temps d'Horace une grande réputation :

> O diva, gratum quæ regis Antium.
> Præsens vel imo tollere de gradu

Mortale corpus, vel superbos
Vertere funeribus triumphos :
Te pauper ambit sollicita prece
Ruris colonus. (*)

« Déesse qui tiens sous ton empire l'agréable séjour d'Antium ; qui peux, d'un clin d'œil, élever au faîte des grandeurs le dernier des mortels et changer en funérailles la pompe superbe des triomphes : c'est à toi que l'habitant des campagnes, au sein de l'indigence, adresse ses vœux empressés. »

Néron fit rétablir Antium et y construisit un port vaste et commode, où il dépensa des sommes si considérables, qu'il épuisa, dit Suétone, les trésors de l'empire.

On trouva, il y a trois siècles, dans les fouilles des ruines de cette ville, l'*Apollon du Belvédère,* qu'on admire aujourd'hui au palais du Vatican. Dans cet ouvrage sublime de l'art, on voit à la fois la vraie beauté idéale, la noble attitude et l'aspect majestueux d'une divinité en courroux.

Au bout de quelques milles et près d'une auberge, nommée *Bocca di Fiume,* on voit les ruines d'un mausolée magnifique. La base du monument est un massif carré, qui à chaque coin supérieur, contenait un tombeau voûté, dont un seul a résisté à la destruction. Au milieu du massif s'élevait un socle au pied duquel on montait par trois dègrés en belles pierres de taille. Les quatre faces de ce beau monument paraissent avoir été ornées de colonnes dont on voit encore des fûts et des bases couchés à quelque distance de là. On s'aperçoit, d'après leurs formes, leurs inscriptions et la manière dont elles sont sculptées

(*) Odarum lib. 1. XXX.

qu'elles proviennent de ce même monument, qui fut un de ceux qui avaient orné la célèbre *voie Appienne*, qu'on y parcourt. Cet édifice a été entièrement déterré sous Pie VI, lorsqu'il créa cette route superbe. Sa base conserve encore une partie des belles pierres dont autrefois il était entièrement revêtu.

En approchant de Terracine, et sur la lisière des terrains desséchés et voisins des bases des montagnes, on voit de riches cultures de maïs, de chanvre et de légumes. Ce sont les habitants des villages, placés sur la pente des monts, qui prennent à bail ces terres privilégiées et situées près de leur domicile. Dans ces terrains frais et profonds, les plantes, favorisées par la chaleur, acquièrent un développement extraordinaire. Le maïs s'y élève jusqu'à la hauteur de trois et quatre mètres.

L'Apennin qui, lorsqu'on entre dans les *marais Pontins* et pendant presque toute leur longueur, se tient à une grande distance de la chaussée, se courbe enfin et la touche lorsqu'on arrive à Terracine. On sait que cette ville est assise sur l'un des contreforts de cette chaîne de montagnes.

Déjà la nuit commençait à étendre ses ombres sur la terre et à parsemer le ciel d'étoiles, lorsque nous nous y arrêtâmes.

TERRACINE.

Mardi, 14 Avril.

Impositum saxis late candentibus Auxur.
Horat. Sat. V.

A trois milles de Feronia, entre la *voie Appienne* et le promontoire de Circé, s'élève Terracine, la dernière ville des Etats pontificaux, anciennement appelée *Anxur*. Fondée par les Volsques, elle fut primitivement bâtie sur le sommet du rocher, dont la base était baignée par la mer, s'il faut en croire Solinus. Horace paraît avoir fait allusion à la position de cette ville, lorsqu'il décrit ainsi les lieux qui bordent la *voie Appienne* :

Ora, manusque tua lavimus, Feronia, lympha,
Millia tum pransi tria repimus, atque subimus
Impositum saxis late candentibus Anxur.

(*) Satira V. 24.

« Nous nous lavons les mains et le visage dans l'eau de la fontaine, o Féronie. Nous déjeûnons et puis nous nous trainons de notre mieux l'espace de trois milles, jusqu'à Anxur, que l'on aperçoit de loin, perché sur des rochers, dont la blancheur éblouit. »

Mais ces rochers sont ternes depuis longtemps et n'ont plus cette blancheur que des excavations récentes leur avaient donnée du temps d'Horace. La pierre blanche qui forme la montagne de Terracine ressemble beaucoup à celle de Toulon et du reste de la Provence; il semble que toute cette chaine de montagnes soit de la même nature; on pourrait cependant en excepter certains endroits, où l'on découvre des schistes, des ardoises, comme aux environs de Gênes, ou des masses de pierres bleuàtres, comme à Naples; on doit peut-être attribuer ces différences aux fréquents accidents causés par les volcans, les torrents, et la chûte des brisures concentrées en gravier. Cette pierre on la retrouve même au delà de Naples, comme à Salerne, à l'endroit appelé *Cava*, auquel on arrive par un chemin magnifique taillé dans le vif de la montagne et garni de parapets de la même matière.

Devenue poste militaire et la clef de l'Italie méridionale, lorsqu'elle passa sous le joug des romains, Terracine fut successivement embellie par Appius, Auguste, Galba, Trajan et Antonin.

Il y a des auteurs qui prétendent que son nom primitif était un mot volsque; mais il nous semble plus raisonnable de suivre l'opinion de ceux qui le font dériver du temple antique de Jupiter Anxurus. Ce temple y aurait été fondé par les Spartiates, qui préférèrent s'expatrier plutôt que de vivre sous le joug de lois trop dures de Lycurgue et qui se seraient fixés sur cette

côte, après un long voyage sur mer. (*) Virgile dans son Enéide
fait mention de cette divinité, ce qui prouve la grande célébrité, dont elle jouissait dans ce temps :

> Circæumque jugum ; queis Jupiter Anxurus arvis
> Præsidet. (**)

« Et les hauteurs de Circé, les champs fertiles que protège
Jupiter Anxurus. »

Anxurus donc viendrait suivant Servius des mots grecs ἄνευ
ξυροῦ (sans rasoir), parce que ce Jupiter était représenté sous
la figure d'un enfant.(***) Mais cette ville avait déja perdu ce nom
antique pour prendre celui de Terracine dès le temps même de
Tite-Live qui dit :

> Anxur fuit, quæ nunc Terracinæ sunt, urbs prona in palu-
> des. (****)

« Il y avait une ville enfoncée dans les marais, nommée
Anxur et qu'aujourd'hui on appelle Terracine. »

(*) Dionysius Halicarnasæus, Antiq : lib : II.

(**) Æneidos, lib. VII. 799.

(***) Servius. Commentatio in locum supra citatum.
Sur une médaille de la famille Pansa, on voit d'un côté l'effigie d'une personne
qui semble s'être apprêtée pour célébrer les jeux de Cérès et sur le revers on
distingue une image de Jupiter représenté sans barbe avec cette inscription :
C. Vibius. C. F. C. Jovis Axur.

(****) Hist : lib : IV.—Comme le remarque fort bien le savant Schottus, dans
son *itinerarium romanum*, le nom de cette ville doit s'écrire *Tarricina* et non
Terricina; on le trouve écrit de la première manière dans les plus anciennes
inscriptions; il paraît venir de *Trachyna*, dénomination que les Grecs donnaient
à cette ville; s'il faut en croire le témoignage de Strabon, ils lui ont peut-être
donné ce nom, parce qu'elle se trouvait sur un rocher escarpé, du mot grec τραχύς;

Terracine n'est qu'une ville de peu d'étendue, mais elle est très peuplée. Les habitants, et principalement les paysans portent le brodequin, ancienne chaussure des Romains. Les campagnes qui s'étendent le long de la mer sont très fertiles et présentent un aspect très agréable. Autrefois les grands de Rome y avaient établi un grand nombre de prétoires, de villas, et de jardins dont on voit en certains endroits des restes considérables.

Les ruines de l'ancienne Anxur existent au sommet de la montagne à peu de distance de la ville actuelle. En gravissant cette montagne on trouve les ruines considérables d'un temple, orné de colonnes cannelées en marbre, qu'on croit celui d'Apollon. La montée est rude, fatiguante, pénible et fort longue: Les restes du château de Théodoric, roi des Ostrogoths et premier roi d'Italie en 489, sont bien conservés. Ils consistent en divers arceaux, en corridors et en chambres immenses qui accusent une grande magnificence. On voit de fort loin les soubassements qui soutenaient ses terrasses et ses jardins. Il avait cent cinquante pieds de largeur. On y jouit d'un beau panorama du côté de la mer. La vue s'étend jusqu'au Vésuve et à l'île de Caprée. Cet aspect nous ravit et nous fit oublier la fatigue de la montée. L'empereur Galba avait un palais près de l'endroit où sont d'anciennes grottes ou cavernes creusées dans le rocher.

En revenant de ces ruines, nous visitâmes ce qui subsiste encore du port fameux, reconstruit par Antonin le Pieux avec une splendeur digne d'un maître de l'univers. On y reconnait la forme du bassin et il reste même des anneaux de pierre qui servaient à amarrer les vaisseaux ; mais le sable ayant peu à peu comblé ce port, la mer s'en est éloignée.

Sur l'emplacement qu'occupe aujourd'hui la cathédrale, s'élevait jadis le temple de Jupiter Anxurus. Sous le vestibule de l'église, on remarque un grand vase antique de granit, ayant la forme d'une urne sépulcrale, avec un couvercle orné de palmes et surmonté d'une couronne. Païen d'origine et consacré, suivant la tradition, au culte d'Apollon, ce vase fut bien des fois rempli du sang des martyrs et plus tard il servit aux ablutions des fidèles avant qu'ils entrassent dans l'église. L'inscription suivante perpétue ce double souvenir :

VASO IN CUI DA' GENTILI

FURONO TORMENTATI E SCANNATI

MOLTI CRISTIANI

INNANZI L'IDOLO DI APOLLO ;

POI COLLOCATA DA' FEDELI

IN QUESTO ATRIO

AD USO DI FONTE PER LAVARSI

E MANI E VOLTO PRIMA D'INTRARE IN CHIESA.

Au fond du chœur on conserve une chaire pontificale qu'on assure avoir été occupée par saint Pierre. Elle est en marbre blanc et d'une forme qui rappelle parfaitement les siéges épiscopaux conservés dans les catacombes. Cette chaire carrée et faite en compartiments de mosaïques, est supportée par cinq petites colonnes de granit. A côté du maître-autel s'élève un baldaquin supporté par de belles colonnes de quatre pieds et demi de circonférence, provenant du temple d'Apollon. Sous ce monument reposent les corps de toute une famille qui reçut à Terracine même la palme du martyre. Saint Eleuthère, sa femme sainte Silvie et leurs enfants, saint Silvain, qui fut évêque de Terracine et sainte Rufine ; tels sont les noms vénérés de ces glorieux défenseurs de notre Foi. Ce fut dans cette même église que le Pape Urbain II, fut élu en 1086. Ce Souverain Pontife proclama la première croisade au concile de Clermont en 1095.

L'hôpital et le palais de la résidence nous rappellent le souvenir de Pie VI. Ce Pape, occupé de grandes pensées, avait commencé des travaux utiles à la restauration de la cité, mais sa dure captivité interrompit ce généreux élan.

En quittant Terracine, on voit sur la porte la tête du fameux brigand Mastrilli. Les nombreux désordres qu'il commit, en 1750, dans les environs de cette ville et l'adresse avec laquelle il sut se dérober aux poursuites de la justice, le rendirent si dangereux, qu'on ne put s'en défaire qu'en mettant sa tête à prix. Il fut trahi et tué à la chasse. De deux en deux milles on rencontre sur le bord du chemin de petites maisons en pierres nommées *Guardioli*, où se retirent les carabiniers.

Le pays des anciens Volsques qu'on parcourt forme une chaîne de montagnes, qui occupe une étendue de trente lieues de longueur sur cinq de largeur. Ces montagnes étaient jadis le foyer perpétuel du brigandage. Il est difficile de trouver une situation qui puisse contenir plus de monde à l'abri de la poursuite de l'autorité. Ces montagnes sont fortifiées par la nature ; placées au sud-est de Rome, elles commencent à la distance de huit lieues de cette ville et se terminent dans le royaume de Naples, aux environs d'Arpino, patrie de Cicéron ; bornées au levant par les Apennins, au midi par les marais Pontins, au couchant par le mont Albano et Tusculum, elles ont au nord les plaines de la province de *Campagna*, seul côté accessible mais dangereux, parce qu'il présente une gorge n'ayant qu'une seule issue. Les montagnes dont nous parlons ici, les anciens *montes Lepini*, offrent une population de trente à quarante mille âmes. On y comptait jadis vingt-cinq communes et trois diocèses,

Segni, *Sezze* et *Piperno*, mais ces deux derniers ont été supprimés et réunis à celui de Terracine. Les habitants de ces montagnes sont laborieux, industrieux et ne craignent ni le froid ni la chaleur. Il n'est pas rare de voir un de ces habitants faire à pied trente et même quarante lieues en vingt-quatre heures. La race est belle ; on y rencontre une foule de tailles et de figures mâles et vigoureuses, de celles que nous offrent les tableaux du Guerchin. Les femmes, et de très bonne heure les jeunes filles, ont un air fier et déterminé ; elles vaquent aux soins du ménage avec courage et gaieté. Rien n'est moins commun qu'une faute parmi elles ; on la punirait du plus profond mépris. Les villages sont mal bâtis : il y a peu de chemins et l'on marche presque d'instinct comme dans les déserts. Un grand arbre, une ruine, sont les indications les plus ordinaires. La terre, assez fertile, produit du froment, du maïs, des légumes, des fruits, du vin, des olives et du tabac ; on a même essayé de cultiver du coton ; mais le défaut de manufactures en ce genre a fait abandonner cette culture dispendieuse. Le bois n'a ici aucune valeur ; il ne s'agit que de le couper et de l'emporter. Il n'existe aucune habitation isolée ; on demeure dans les villages, qui ont une population forte, de cinq cents jusqu'à cinq mille âmes.

Ces infortunés végétaient jadis dans une ignorance profonde, à défaut de maîtres et d'écoles. Malgré cette ignorance, ils sont doués d'une sagacité extrême et il leur échappe des saillies très piquantes. Dans leur patois il existe plusieurs expressions latines ; comme la langue latine, la leur tutoie tout le monde. Après une conversation de dix minutes, ils sont en état d'apprécier à peu près la valeur morale de la personne avec laquelle ils ont parlé. Il n'est pas étonnant si l'on considère leurs mœurs et la situation du pays, que ces peuples soient restés si longtemps dans cet abrutissement qui a engendré chez beaucoup d'entre eux d'horribles passions, le vol, l'assassinat dans la dispute, et la vengeance réfléchie. Les pays dont nous parlons ont appartenu jusqu'à la fin de 1816 à la maison Colonna, si connue dans l'histoire du douzième siècle. Cette maison, née pendant les troubles des guerres civiles, combattant souvent contre les Papes, les Orsini et les autres maisons puissantes, ne songea naturellement qu'à former des soldats. Dans ses fiefs, celui qui n'aurait pas su manier une arme se serait vu déclaré indigne d'être un *suddito Colonnese*, et en certaines circonstances n'aurait pas trouvé grâce auprès de son maître. (*)

En 1823, les environs de Terracine étaient encore infestés de ces bandes d'assassins et de voleurs qui avaient pour chef un nommé Gasparone, dont le beau-frère, homme féroce, bourreau de la troupe, répandait en tout lieu l'épouvante. Caché dans les forêts ou dans les antres des rochers, Gasparone se portait d'un point à l'autre avec une inconcevable célérité; il était partout et on ne le trouvait nulle part. On offrit de fortes récompenses à quiconque le livrerait mort ou vif; on avait même fait marcher des troupes contre lui; mais tout était inutile et l'on ne pouvait s'en emparer. Gasparone avait des espions et malheur à celui qui lui devenait suspect. Les vengeances qu'exerçait son beau-frère, souvent malgré le chef, étaient promptes et terribles. La cruauté du bourreau tenait de celle du tigre; il versait le sang pour le seul plaisir de le verser. On célébrait un jour une noce dans un village. Les deux familles étaient rassemblées et rangées autour d'une grande table; elles se livraient à la joie, quand tout

(*) Histoire du Pape Léon XII, par le chevalier Artaud de Mortor, ch : IX. Voir la note : manière dont se sont formés successivement les brigands et celle dont s'est servi pour les extirper, le grand Léon XII.

à coup des cris se font entendre ; des brigands cernent la maison, Gasparone se précipite dans la salle suivi de plusieurs des siens : alors une lutte s'engage, le sang coule ; le bourreau porte la main sur la nouvelle épouse, la saisit et l'entraine dans son repaire, en déclarant aux parents qu'il ne la rendra pas à moins de deux mille écus de rançon. Deux mille écus ! quelle somme pour ces villageois ! cependant on les trouve et l'on s'empresse de les lui porter. Il les reçoit d'une main et de l'autre remet un sac où se trouvait..... la tête sanglante de la jeune personne.

Enfin le Ciel a eu pitié du pays qu'il désolait : serré de tous côtés par les carabiniers du Pape, ayant déjà perdu beaucoup de monde, la troupe se vit réduite à capituler et se rendit à condition d'avoir la vie sauve. Le bourreau est mort, mais Gasparone est aujourd'hui au bagne de Civita-Vecchia, où il a été enfermé avec quelques uns de ses complices.

Pendant notre séjour dans cette ville, nous eûmes la curiosité de voir cet homme, naguère l'effroi de Terracine. Comme nous demandions au gardien où se trouvait Gasparone, celui-ci répondit d'une voix forte et menaçante : *io sono Gasperone, signori, famoso in tutta l'Europa !* C'est un homme d'environ soixante-huit ans, à la taille haute, au regard timide, à la démarche incertaine. Il portait une veste et culotte courtes, de gros bas, le chapeau pointu et il tricotait des bonnets. Ses complices au visage sinistre portent le costume ordinaire des galériens et sont séparés des autres prisonniers. Avant notre sortie du bagne, mon compagnon de voyage avait déjà tracé le portrait de Gasparone sur son calepin.

Pour aller à Fondi on suit pendant plusieurs heures la *voie Appienne*, qui mérite en cet endroit que les voyageurs y arrêtent leurs regards pour contempler la belle construction et les

ruines célèbres qui la bordent près de la mer dans le promontoire de Terracine. Cette route a été pratiquée à coups de
marteau, au milieu d'un rocher très dur, sur une étendue d'à
peu près vingt pas de longueur sur trois de largeur; elle est là,
comme partout, garnie des deux côtés d'un trottoir large de deux
pieds, où les piétons peuvent toujours marcher à sec; de dix en
dix pas, il y a des pierres plus élevées, formant comme de
petites bases pour faciliter au voyageur la montée à cheval ou
en voiture. On y voit aussi un bloc massif d'une grande élévation qui a été taillé dans le même rocher. Ce massif qui est
appelé *Pisca Marina* est à peu près haut de cent vingt pieds et
les anciens chiffres sont marqués de dix en dix en caractères
majuscules romains, sur la face de ce rocher, qui est coupé
perpendiculairement, de sorte que le chiffre du haut est **CXX**.
Quoique les caractères des uns soient bien plus gros que ceux
des autres, de quelque côté qu'on les regarde, ils paraissent
tous d'une égale grosseur. On assure qu'un antiquaire a mesuré
ces distances et qu'il les a trouvées presque toutes inégales.
Quelques uns conjecturent que le principal but de l'entrepre-
neur a été de faire voir la juste mesure de son travail et qu'il
n'en a marqué les divisions que par manière d'acquit. D'autres
croient que chaque distance est le travail de dix jours et que
l'inégalité des intervalles a été causée par le plus ou le moins
de facilité que les ouvriers ont trouvé en taillant le rocher. Ce
qui a donné lieu à cette pensée, c'est que les distances du haut
sont plus grandes que celles du bas, le rocher diminuant
toujours vers la cime; mais vraisemblablement on a commencé
à travailler par le haut du rocher et il faudrait ainsi que la
première dixaine fût marquée au sommet et que le nombre **CXX**
se trouvât à la base.

Les bords du chemin sont couverts en bien des endroits par des buissons de myrte mâle ; cet arbrisseau, que les Italiens appellent *Mortella*, est toujours vert, la feuille est alongée et d'un vert tendre, à la différence de celui qu'ils appellent improprement myrte femelle, dont la feuille est plus courte et plus foncée ; son fruit, qu'on nomme *Myrtille*, est une petite baie comme celle du genièvre, mais d'un goût plus agréable. On y voit aussi, même à la fin de décembre, des fleurs de toute espèce et surtout des narcisses, qui y croissent naturellement en abondance.

Des deux côtés de la voie Appienne, comme sur toutes les routes tracées par les triomphateurs, le voyageur découvre de loin en loin d'antiques temples, des mausolées et des prétoires, qui ne présentent le plus ordinairement que des ruines complètes ; c'est ainsi que les anciens ont cru devoir étendre la majesté et la puissance du peuple romain ; c'est par des travaux gigantesques et des dépenses inouïes, qu'ils croyaient rendre la grandeur de leur nom et de leur domination redoutables aux autres peuples, dont les princes et les ambassadeurs ne cessaient d'accourir à Rome ; arrivés à leur destination, ils étaient éblouis par les ornements et le luxe, prodigués dans la ville éternelle.

A six milles de Terracine, on trouve *Torre dei confini*, qui est la limite des Etats romains. Là, pour entrer dans le royaume de Naples, il faut montrer son passeport et y faire apposer le visa ; chose qui ne s'opère aisément qu'en faisant tomber de la bourse quelque monnaie, seul moyen d'abréger des formalités qui sont interminables, si l'on n'a recours à ce talisman. Sur une autre tour qu'on appelle *del epitafio*, on lit l'inscription suivante, qui y fut placée, en 1568, sous le règne de Philippe II, roi d'Espagne :

HOSPES, HIC SUNT FINES REGNI NAPOLITANI. SI AMICUS
ADVENIS PACATA OMNIA INVENIES, ET MALIS MORIBUS
PULSIS, BONAS LEGES.

De *Torre dei confini* on se rend à Fondi en s'éloignant et en se
rapprochant *tour à tour du rivage*. La route est belle et la
campagne bien cultivée, selon la qualité du sol, qui, dans le
court espace d'un relai, varie singulièrement. Les paysans, qui
se présentent sur la route, portent, au lieu de souliers, des
plaques de cuir fixées par des cordes grossières montant sur les
jambes, en se croisant et retenant une mauvaise toile adaptée
en guise de bas. Cette chaussure remonte à une haute antiquité
et rappelle les mœurs romaines. Il n'en est pas de même de leur
chapeau pointu et du manteau qui couvre nonchalamment leurs
épaules, son origine est plus moderne et peut-être espagnole.
Les habitations offrent partout ce type si caractéristique, si
essentiellement italien, que les artistes aiment tant à reproduire
dans leurs tableaux ; dans les villages surtout elles présentent un
aspect local : un mur avec des ouvertures non vitrées, terminées
par des pleins-cintres, une toiture dégarnie, ouvrant çà et là
un passage étriqué à la lumière, un escalier en pierre à l'extérieur de la maison, terminé par un modeste péristyle sous lequel
une femme, des enfants, se tenant à l'ombre, attachent sur les
passants les regards de la plus vive curiosité. Les forts qu'on voit
dans le lointain, formant des tours carrées, bâties en briques
jaunes, ont quelque chose de gracieux que n'ont pas nos citadelles.

Le lac de Fondi, qui ressemble plutôt à un large canal, est
très poissonneux ; il borde la route, qui s'éloigne en cet endroit
de la mer. Ce lac est sujet à s'enfler par certains vents et il rend
parfois l'air de la ville très malsain. Sur ses bords, du côté
de la mer, florissait jadis la ville d'*Amyclée*, dont on ne peut

pas même désigner aujourd'hui la véritable place. Les habitants
de cette ville, suivant le précepte de Pythagore dont ils suivaient
la doctrine, ne pouvaient tuer rien qui eut vie. Leur philosophie
ne tarda pas à leur coûter cher; car ils furent exterminés par
une fourmilière de serpents qui avaient pullulé dans les marais
voisins et qu'ils n'avaient pas voulu détruire. D'autres auteurs
rapportent que pour empêcher les paniques que de vaines
rumeurs de l'approche des ennemis ne cessaient de répandre
dans la ville, on établit une loi par laquelle il fut défendu de
parler encore de ces dangers. Quelque temps après ils furent
surpris à l'improviste et passés tous au fil de l'épée. Leur
malheur a donné origine à ce proverbe : *Amyclas silentium
perdidit.* (*) Le silence a perdu Amyclée.

Près de là est la fameuse grotte dans laquelle Séjan sauva,
selon Tacite, la vie à Tibère. Ce prince se rendant en *Campanie*,
assista à un splendide banquet qu'on lui offrit dans cette grotte.
Au milieu du repas, des pierres se détachent tout à coup de la
voûte, obstruent la porte et tuent plusieurs esclaves; la frayeur
s'empare de tous les convives qui cherchent, à travers mille
obstacles, leur salut dans la fuite. Séjan sauva la vie de l'empereur en soutenant une roche prête à l'écraser. (**)

En s'approchant de Fondi l'air commence à devenir plus sain ;
les marais, desséchés et admirablement cultivés, produisent de
magnifiques récoltes et montrent de belles plantations de vignes
et d'oliviers.

A Fondi commence la terre de *Labour* et la fertile *Campanie* ;
l'oranger, cultivé en pleine terre, y porte des fruits qui parviennent à leur pleine maturité ; l'arbre s'élève à plus de trente
pieds du sol et forme des bois ou des bosquets délicieux.

(*) Mihi necesse est loqui : nam scio Amyclas silentio periisse. Lucilius.
(**) Tacit. lib. IV.

FONDI.

Cette petite ville, située au pied des montagnes, dans une plaine fertile, à trois lieues de Terracine sur la *voie Appienne*, qui forme elle-même la principale rue, est entourée de vieux murs d'une construction *cyclopéenne*, ou étrusque, et par conséquent antérieure aux Romains. Ils sont composés de gros blocs de pierre ou de granit de formes diverses et entassés les uns sur les autres, sans ciment ni autres liens que leur propre masse. Les Etrusques bâtissaient de pierres taillées en polyèdres les murs de leurs villes. Vitruve en parle et convient que cette manière de construire n'est pas la plus agréable à la vue, mais la plus solide; ils imitent les parois de certaines carrières, surtout auprès du lac de Bolzena, où l'on voit des blocs de pierres ainsi rangés en forme de coins qui s'emboîtent les uns dans les autres. Ces preuves d'antiquité ne surprennent pas quand on réfléchit

que, selon Strabon, Fondi était autrefois une des villes bâties
par les Aurunciens, peuple du nouveau *Latium*, dont le territoire s'étendait du Garigliano à Terracine. Leurs villes principales étaient Minturnes, Formies et Gaète; les deux premières
ne subsistent plus.

En 1534, cette petite cité fut surprise la nuit par le fameux
corsaire Barberousse, qui voulait enlever et conduire au sérail
de Soliman II, Julie de Gonzague, comtesse de Fondi, veuve de
Vespasien Colonna. Cette princesse aussi remarquable par ses
vertus et son esprit que par sa beauté, n'eut que le temps de
s'échapper à cheval. Le féroce musulman, pour se venger d'avoir
manqué sa proie, mit la ville à feu et à sang, saccagea la cathédrale, détruisit les tombeaux de Prosper (*) et d'Antoine Colonna,
qu'on a rétablis dans la suite, et amena une partie des habitants
en esclavage. Depuis cette époque Fondi ne s'est jamais relevée
de ses ruines. Mais cette ville possède aussi un souvenir heureux
et consolant : on y montre dans l'ancien couvent des Dominicains la cellule qu'habitait l'ange de l'école, le sublime saint
Thomas d'Aquin. C'est là qu'il forma dans le travail et la méditation cette âme ferme et pure, uniquement possédée de l'amour
de la vérité et des intérêts de la religion. On nous fit remarquer
dans le vaste jardin un oranger planté par la main du grand
docteur. Nous cueillîmes une de ses feuilles pour la conserver
en souvenir de notre passage.

La cathédrale n'a de remarquable qu'un tombeau en marbre d'un travail curieux, élevé en l'honneur d'un comte de
Fondi. On y voit aussi un siège pontifical et une belle

(*) Ce grand général avait reçu cette ville de Ferdinand d'Aragon, roi de
Naples. Elle passa plus tard à la maison Sangro.

chaire, revêtus de mosaïques et qui paraissent remonter à
une haute antiquité. Dans cette ville on est à tout moment
entouré d'hommes, de femmes et d'enfants, à moitié couverts de
vêtements en lambeaux, et criant ou plutôt vociférant *Carità*,
la Carità, ce qu'ils répètent avec une sorte de fureur insolente.
Quelques pièces de monnaie ne délivrent pas des importunités
des enfants, qui ne se taisent qu'après avoir escorté les voyageurs, jusqu'à ce qu'ils ne peuvent plus les suivre.

En sortant de Fondi on parcourt la contrée la plus variée. Des
bosquets d'orangers, de citronniers et de figuiers y croissent en
abondance. Près de la route s'élèvent les monts *Cæcubi*, qui
produisaient déjà, il y a deux mille ans, des vins, si estimés
par les maitres du monde :

> Cæcuba fundanis generosa coquuntur Amyclis. (*)

Mais il faut bientôt quitter ces beaux sites pour entrer dans
une gorge affreuse des Apennins, dont les flancs arides et composés de rochers grisâtres, donnent à ces lieux l'aspect le plus
triste, le plus sauvage et le plus effrayant. C'est là, que le fameux
Fra Diavolo devint si redoutable. Les Français finirent cependant par le saisir ainsi que sa bande. S'étant mis à la tête d'une
troupe de brigands, il désola pendant longtemps la Calabre.
Mais lors de l'invasion des Français, en 1799, s'étant signalé par
sa haine contre eux, il obtint, avec le pardon du passé, le brevet
de colonel ou de chef de l'insurrection qui éclata contre cette
domination étrangère. Devenu tout-à-coup un autre homme, il
ne s'occupa que de bien former sa troupe, fit la campagne de

(*) Martialis, Epigr.

Rome avec l'armée napolitaine et obtint de nouvelles récompenses. Lorsque les Français occupèrent Naples une seconde fois, il se retira à Gaëte. Le souvenir de son ancien métier lui ayant fait commettre quelques désordres, il fut chassé de cette ville, par ordre du gouverneur. Après avoir erré dans la Calabre, il se rendit à Palerme et prit part à l'insurrection organisée par le commodore Sydney Smith. Ayant débarqué à Sperlonga, il délivra de leurs chaînes tous les malfaiteurs, pour en grossir sa troupe et marqua sa route par le meurtre, le vol et l'incendie. Atteint par les Français, il se défendit avec courage et parvint à s'échapper ; mais il fut trahi par un campagnard, arrêté à San Severino et conduit à Naples, où il fut pendu le 6 novembre 1806. (*)

C'est là aussi que périt un homme de lettres qui a laissé une très belle réputation, Esménard, (**) auteur du poëme de la *Navigation.* Ayant reçu de Napoléon l'ordre de quitter la France pour avoir composé une satire contre l'ambassadeur de Russie, il se retira en Italie. Après trois mois d'exil, il partit de Naples pour revenir dans sa patrie, lorsque sur le chemin que nous parcourons, il fut tout-à-coup entraîné par des chevaux fougueux vers un précipice et se brisa la tête contre un rocher. Il expira le 25 juin 1811, quelques jours après ce déplorable événement.

Le village où naquit l'empereur Galba était un peu sur la gauche de cette route, au rapport de Suétone ; on croit que c'est *Villa Castello.*

Après avoir péniblement gravi une route tortueuse pendant deux heures, on revoit une campagne aérée et fertile. Du point

(*) Voir, De Feller, Diction, hist.
(**) Il naquit, en 1770, à Pélissane en Provence

culminant, on descend rapidement à Itri, vieux bourg situé sur
deux pentes de montagnes couronnées par une puissante forteresse, dont les hautes et massives tours devaient inspirer un
orgueil tout féodal à ses suzerains. Quelques auteurs prétendent
que c'est l'*urbs Mamurrarum* d'Horace :

> In mamurrarum lassi deinde urbe manemus,
> Murœna præbente domum, Capitone culinam. (*)

« De là, nous allons, pour nous délasser, passer un jour dans
la ville de Mamurra, où Muréna nous fournit le logement, et
Capiton la nourriture. »

La position de ce bourg est pittoresque et les environs très
fertiles. On remarque en divers endroits des montagnes, d'assez
grands arbres qu'on appelle dans ce pays *Soucelle* et qui portent
des siliques longues d'un demi pied et grosses comme des cos-
ses de fèves. Ces fruits se sèchent et ont un goût emmiellé qui
approche assez de celui de la manne ; leur véritable nom est
Carobba.

Presque toute la population d'Itri a les yeux bleus et les cheveux blonds, espèce de phénomène sous cette latitude. Au
sortir du bourg, la route qu'on parcourt est un superbe ouvrage
qui a du présenter de grandes difficultés et qui fait honneur aux
ingénieurs napolitains. Là, un paradis s'ouvre dans le désert.
Les montagnes à gauche se retirent graduellement, élevant leurs
sommets escarpés et grisâtres jusqu'aux cieux, tandis que leurs
collines, couvertes d'orangers et de citronniers, et bordées par
des haies de myrtes naturelles, viennent se terminer sur le ri-

(*) Lib. I Satyra. V.

vage de la mer, et que la *voie Appienne* suit leurs détours ro-
mantiques. La beauté de la scène augmente à mesure qu'on
approche de Mola di Gaeta. A droite du chemin on voit un
édifice rond, élevé sur une base carrée, en forme de *Trizonium*,
c'est-à-dire de tour à trois étages de différents diamètres,
et haute de trente à quarante pieds. Le couronnement a disparu,
les marbres et les sculptures en ont été enlevés·et des plantes
parasites cachent aujourd'hui le tombeau, qui couvre les restes de l'homme dont le nom a rempli l'univers. Ce monument
passe pour être le tombeau de Cicéron, érigé par ses affranchis,
au lieu même, où le prince des orateurs tomba sous les coups
de ses assassins, soudoyés par Antoine, au moment où il gagnait
le rivage pour s'embarquer. Alors Cicéron n'était plus que l'ombre du vigoureux adversaire de Catilina ; incertain, irrésolu, il
n'eut pas même l'énergie de la peur et la présence d'esprit que
donne l'instinct de la conservation ; effrayé par des augures,
retenu par de tristes pressentiments, il ne sut ni attendre la
mort, ni l'éviter. « Un vieillard, avait-il dit, dans son livre de la
Vieillesse, ne fait pas ce que font les jeunes gens ; mais ce qu'il
fait est plus grand et bien plus important que ce qu'ils peuvent
faire ! » Cicéron ne fut pas ce vieillard ; égaré par le désir de
gouverner la république sous le nom du petit neveu de César, il
se laissa mystifier par un jeune homme de vingt ans, et vaincre
dans une misérable lutte où il paya de sa vie les erreurs de sa
vanité. Il n'y a pour les hommes d'État qu'un guide infaillible,
c'est la probité ; si la probité restreint dans la pratique leurs
moyens d'action, elle rend ceux qu'elle avoue plus puissants et
plus sûrs.

Le tombeau de Cicéron est en quelque sorte voisin du berceau de la fortune d'Octave ; car c'est là, sur cette frontière de

la *Campanie*, que, pour la première fois, il leva des troupes et séduisit les légions de son oncle pour les opposer à Antoine : c'est là qu'il fit les premiers pas dans cette carrière de ruse et de sagesse, de lâcheté et de gloire, de barbarie et de magnanimité, de faiblesse et de grandeur, qui le conduisit, sous le nom d'Auguste, à l'empire de l'univers.

A Castellone, entre Mola et Gaeta, était la maison de Cicéron, qu'il appelait *Formianum,* où Scipion et Lelius allaient souvent se récréer (*), et près de laquelle il fut tué par les émissaires d'Antoine, dans le temps de la grande proscription, quarante-quatre ans avant Jésus-Christ.

Il reste de la maison de l'orateur romain une grande salle voûtée que l'on ne peut voir qu'en passant, parceque qu'elle est entièrement remplie d'eau. On prétend qu'elle est entourée de siéges de marbres, et que c'était là que Cicéron faisait ses conférences philosophiques, qui ont donné lieu à quelques-uns des ouvrages qui nous restent de lui. C'est la mer en partie qui a détruit ce monument ; sur le rivage on voit une foule de petites pièces de mosaïque, qui font connaître que c'était autrefois une maison distinguée. Il passe pour certain qu'on en a enlevé quelques inscriptions qui prouvaient évidemment que c'était celle de Cicéron.

Ces ruines sont assez considérables pour donner une belle idée de l'étendue et de la magnificence de cette demeure. Toute cette plage en allant du midi au couchant est remplie de monuments antiques, qui subsistent encore, parce que les eaux de la mer empêchent qu'on ne les détruise pour les employer à des constructions modernes.

(*) De orat. lib. XII.

On rapporte que le roi de Naples, Alphonse V d'Aragon, assiégeant Gaëte, et les pierres dont alors on chargeait les grosses pièces venant à manquer, ce roi, surnommé le *magnanime*, refusa d'en tirer de l'édifice antique qui passait pour la maison de Cicéron, et déclara qu'il aimait mieux laisser son artillerie inactive que de profaner et détruire la maison d'un tel philosophe et d'un tel orateur. (*)

On croit que la fontaine qui est à peu de distance de là, sur le bord de la mer, fut autrefois nommée *Artachia*, près de laquelle, selon Homère, Ulysse rencontra la fille d'Antiphates, roi des Lestrigons. On y lit l'inscription suivante :

NYMPHÆ. ARTACEÆ.
BIBE. LAVA. TACE.

Les abords de Mola di Gaeta sont ravissants par le mouvement pittoresque du terrain, et par la richesse de la végétation.

(*) Valery, voyages en Italie, chap. XVI.

MOLA DI GAETA.

Mercredi, 15 avril.

O temperatæ dulce Formiæ littus·
Mart: epigr. X. 30.

Cette petite ville, agréablement située à deux lieues et demie
d'Itri, sur le golfe de Gaeta, est bâtie sur les ruines de l'ancienne Formies, ville fondée par Antiphates, roi des Lestrigons,
que Pline l'ancien et d'autres auteurs nous disent avoir été des
antropophages, ce qui est difficile à croire ; il est plus probable
que ces peuples étaient des corsaires déterminés qui infestaient
ces côtes et qui y causaient un très grand désordre par leurs
brigandages. Plus tard Formies fut habitée par les Laconiens
(*). On fait venir son nom moderne de la grande quantité de
moulins qui se voient dans ses environs. Elle est assez près des
montagnes qui la protégent contre les vents du nord ; elle a la
mer au midi et au levant la grande route de Naples.

(*) Métamorphoses d'Ovide, liv. IV.

Mola fut entièrement détruite, en 856, par les Sarrasins, établis dans les îles de la Méditerrannée. Grégoire IV en transféra le siège épiscopal à Gaeta et cette dernière ville s'accrut des débris de la première. Les maisons sont abondamment fournies d'eau par les sources qui viennent des montagnes voisines. L'air pur et sain aux environs de cette ville est d'une douceur proverbiale :

> O temperatæ dulce Formiæ littus !
> Vos cum severi fugit oppidum Martis
> Et inquietas fessus exuit curas,
> Apollinaris omnibus locis præfert.
> Hic summa leni stringitur Thetis vento,
> Nec languet æquor ; viva sed quies ponti.
> Nec seta longo quærit in mari prædam,
> Sed a cubili, lectuloque jactatam,
> Spectatus alte lineam trahit piscis.
> Quot formianos imputat dies annus
> Negotiosis rebus urbis hærenti. (*)

« O rivage heureux où Formies jouit de toutes les délices d'un ciel tempéré! Apollinaire préfère votre séjour à tous les lieux de la terre, alors qu'il fuit la cité de Mars au visage sévère, et qu'il veut faire trève aux soucis accablants. Ici la surface des ondes sur lesquelles règne Thétis, se ride légèrement sous le souffle des vents les plus doux. Ici la mer ne s'endort pas d'un sommeil languissant, mais sans se réveiller avec courroux, elle vit cependant. Le filet ne va pas au loin surprendre sa proie, le

(*) Mart. epigr. lib. X. 30.

pêcheur, sans quitter sa demeure et les douceurs du duvet, jette sa ligne, la suit des yeux, et attire le poisson pris à l'hameçon. O que l'année dans sa course réserve des jours, tels que l'on n'en passe qu'à Formies, à ces gens accablés sous le poids des affaires que Rome retient encore dans son sein. »

Les lauriers roses et les myrtes blancs, les vignes, les oliviers et toutes sortes de plantes odoriférantes, y croissent en abondance. Horace mettait les vins de Formies avec ceux de Falerne au nombre des plus exquis : ·

Mea nec Falernæ
Temperant vites, neque Formiani
Pocula colles. (*)

« Je n'ai ni les vignes de Falerne, ni les côteaux de Formies, pour corriger par un heureux mélange le vin de mon cru. »

En face du golfe et du haut du balcon de l'hôtel où nous étions descendus, on jouit de l'un des plus magnifiques points de vue qu'un littoral puisse offrir. La baie, que termine la ville de Gaeta et dont les bords présentent une suite d'habitations, entourées de bosquets d'orangers, se déploie avec toute la magie de sa forme, de son cadre, des vaisseaux qui la sillonnent, du soleil qui l'éclaire et des souvenirs qu'elle rappelle. Elle offre une de ces scènes pleines d'harmonie et de suavité vers lesquelles on aime à se reporter.

En parcourant les environs de cette ville, on voit les restes d'un mur d'une prodigieuse solidité, construit de très grosses pierres uniformément taillées en bossage. Ces pierres, unies

(*) Lib : I. oda XVIII.

4

par un ciment naturel, sont un composé de silex de la plus grande dureté. Les montagnes dont ce promontoire est le prolongement, furent longtemps le repaire de troupes de bandoliers, formées de déserteurs désarmés qui, pendant une partie du seizième siècle, s'étaient disputé le royaume de Naples. Ces bandoliers, vivant de pillage et vrais successeurs des Lestrigons, composaient une espèce de république peu inquiétée. Tant qu'ils tinrent ce poste, les voyageurs ne se hasardaient pas à une rencontre, sans s'être organisés en caravanes armées jusqu'aux dents. Une de ces caravanes avec laquelle le Tasse passait à Naples, fut attaquée, défaite et détroussée. Le nom du chantre d'*Armide* et de *Godefroid* désarma les bandoliers; non seulement ils respectèrent son bagage, mais encore ils lui firent un présent que, malgré son origine suspecte, le Tasse se garda de refuser.

L'Arioste, gouverneur de Spolette, avait joui du même privilége. Surpris par les brigands dans les environs de la ville, il se vit tout-à-coup l'objet d'un hommage enthousiaste; ces gens n'eussent point épargné le gouverneur; ils firent une ovation au poète. On voit par cette espèce de délicatesse de sentiments, que, si le droit de propriété avait peu de crédit chez les anciens flibustiers des côtés de Naples, le respect de la gloire et du génie était héréditaire parmi eux. Aujourd'hui nos grands poètes passent inaperçus sur cette route, théâtre du triomphe du Tasse, et leurs compagnons de voyage sont loin sans doute de le regretter.

Sur les bords de la mer on découvre plusieurs tours anciennes qui servaient autrefois à garantir le pays des descentes des barbares et que l'on continue d'entretenir en bon état.

Non loin de Mola on voit encore des restes d'un théâtre, d'un amphithéâtre, d'un temple de Neptune, des villas de Scaurus et d'Adrien, ainsi que les ruines d'un aqueduc qu'on dit avoir été fait pour conduire les eaux dans Trajetto, ville qui s'élève près de ces lieux sur une montagne. La campagne environnante peut être regardée comme un jardin délicieux, planté d'orangers, de lauriers de toute espèce, de grenadiers et de myrtes, parmi lesquels croissent les jasmins et d'autres arbustes, presque toujours chargés de fleurs.

GAETA.

Gaëte n'est distante de Mola que d'une lieue et demie. Le temps était magnifique; nous aperçevions du rivage les feux du Vésuve, et, se détachant dans le crépuscule, l'ile d'Ischia et même Caprée, témoin pendant dix ans des proscriptions et des débauches de Tibère.

Le premier souvenir qui s'offre à l'esprit en entrant à Gaëte, date de cette époque mémorable où le Saint Siége soutenait une lutte d'indépendance spirituelle contre les empereurs d'Allemagne, qui s'arrogeaient le droit d'investiture. C'est dans cette ville que le Pape Gélase II vint chercher un asile. Ce grand homme, était connu avant son élection au souverain pontificat sous le nom de cardinal Jean de Gaëte, diacre de *Sainte Marie en Cosmedin*. Son élection fut suivie de violences hideuses; Cencio Frangipani, chef de la faction impériale, brisa les portes de

l'église où se tenait le conclave, et ayant pris le nouveau Pape à
la gorge, il le jeta à terre, le mit en sang à coups d'éperons, puis
le traîna dans sa maison, et l'y enferma. Les cardinaux furent
également maltraités et emprisonnés ; mais bientôt le préfet de
la ville et les Pierleoni donnent l'alarme ; le peuple s'émeut, et
les Frangipani effrayés s'enfuient en abandonnant leur victime.
Ce triomphe de l'ordre et du droit n'eut malheureusement
qu'une durée éphémère, car, à la nouvelle de l'élection de
Gélase, l'empereur Henri accourut en Italie et parvint à entrer
la nuit dans la cité Léonine. Il exigeait que le Pontife lui
reconnût le droit plein et entier de conférer les investitures, et
menaçait, en cas de refus, de faire élire un autre Pape.
Gélase, éveillé par le bruit de l'arrivée de l'empereur, s'es-
quiva à la faveur des ténèbres et d'un orage affreux ; il gagna
le Tibre, parvint à le descendre sain et sauf au milieu des
flèches lancées par les Allemands qui veillaient sur ces bords,
et porté sur les épaules du cardinal Hugues d'Alatri, à cause de
sa vieillesse, il trouva enfin un refuge au château de saint
Pierre d'Ardée. Il se retira ensuite à Terracine et à Gaëte, sa
ville natale.

L'empereur irrité de cette évasion et de l'inébranlable fermeté
du Pontife, lui opposa Maurice Bourdin, qui prit audacieuse-
ment les insignes de la papauté sous le nom de Grégoire VIII ;
puis Henri se fit couronner de nouveau par l'antipape ; car à
chaque nouvel excès il sentait le besoin de raffermir le diadème
chancelant sur sa tête.

Gélase n'attendit que le départ de Henri pour rentrer à Rome,
et le 21 juillet 1118, il officia solennellement dans l'église de
sainte Praxède ; mais son courage n'avait pas mesuré le danger.
Les Frangipani l'assaillirent au milieu de l'office, et, après un

rude combat, qui dura la moitié du jour, Gélase parvint à grande peine à se sauver à cheval dans la campagne : il était encore couvert de ses ornements pontificaux, et accompagné seulement de son porte-croix. Gélase prit dès lors le parti de se retirer en France, et Bourdin demeura maître du tombeau des apôtres. L'autorité de ce dernier, au reste, ne s'étendait pas loin dans la ville ; car s'il était soutenu par la faction impériale, il trouvait en même temps dans la foule une sainte et énergique répulsion. L'évêque de Porto resta à Rome comme vicaire du Pape légitime. Gélase mourut à Cluny le 19 janvier 1119, après un pontificat d'un an et quelques jours (*). Le souvenir de ce souverain Pontife est encore en grande vénération parmi les habitants de Gaëte. (**)

Cette ville, située sur une des pointes du golfe, du même nom, appelé autrefois golfe de Formies, est bâtie au pied d'une montagne, qui a peu d'élévation. De trois côtés elle est baignée par la Méditerranée. Resserrée dans l'enceinte de ses fortifications, Gaëte a peu d'étendue, et n'a qu'une rue principale qui aboutit aux deux portes ; à en juger par le grand nombre de soldats qu'on y rencontre, la garnison doit y être nombreuse : les faubourgs sont considérables et bien bâtis. La population monte à dix mille âmes.

Suivant Virgile, son nom viendrait de la nourrice d'Enée, Caïeta, qui y mourut vers l'an 1183 avant Jésus-Christ et en l'honneur de laquelle cette ville aurait été fondée. Caieta reçut

(*) Voir Rome chrétienne, tom. I. — Rohrbacher, hist. univ. tome XV.
(**) Sept siècles plus tard, un pontife non moins auguste par ses vertus, et non moins grand dans ses malheurs, vint aussi sur la terre hospitalière de Gaëte demander un asile. Voir à la fin du volume: Séjour de Sa Sainteté Pie IX à Gaëte.

une sépulture honorable dans un lieu voisin de Monterone, anciennement appelé *Troie* :

Tu quoque littoribus nostris, Æneia nutrix,
Æternam moriens famam, Caieta, dedisti :
Et nunc servat honos sedem tuus, ossaque nomen
Hesperia in magna (si qua est ea gloria) signat. (*)

Et toi, de mon héros nourrice bien aimée,
De nos bords, en mourant, tu fis la renommée,
O Caïète ! et ton nom protége ton cercueil,
Que l'antique Hespérie honore avec orgueil. (**)

Strabon prétend que cette ville fut fondée par des Grecs venus de Samos et qu'ils l'appelèrent Caieta du mot καιττα qui dans leur langage exprimait la courbure ou la concavité de cette côte. D'autres disent que le mot de Gaëta vient de καιω brûler, parce que la flotte troyenne y fut livrée aux flammes. (***)

Gaëte a été longtemps gouvernée sous la forme de république : ses ducs y acquirent la souveraineté dans le septième siècle, mais ils relevaient du Pape. Didier, roi des Lombards fit la guerre au duc de Gaëte, en 760, parce que celui-ci refusait de rendre au Saint Siége ce qui était dépendant dans son district du patrimoine de Saint Pierre. Cette ville s'arma contre les Sarrasins, en faveur du Pape Léon IV, en 848 : elle battit monnaie et arma des galères, en 1191, comme on le voit dans un privilége du roi Tancrède. Mais peu après, Gaëte fut réunie

(*) Æneid. lib. VII. (**) traduction de Delille.
(***) Voir Turnèbe, liv. XXVI.

au royaume de Naples, et, en 1450, le roi Alphonse d'Aragon y établit un vice-roi.

Ce même prince fit construire, en 1440, le château qui est à la pointe du golfe. Plus tard Charles Quint l'agrandit considérablement et le fortifia de tours très élevées. Prise et reprise par la dynastie angevine et aragonaise, elle recueillit l'armée française après la retraite de Naples, au temps de Louis XII et obligea Gonzalve de Cordoue à lever le siége pour éviter une défaite. Cette place, dans les guerres de la révolution française, fut prise quatre fois ; en 1806, le prince de Hesse Philipstal, chargé de la défendre contre l'armée française, refusa le concours des Anglais qui demandaient à y débarquer. Ce brave guerrier, à la tête de 6,000 Napolitains, disputa pendant six mois la possession de Gaëte à Joseph Napoléon et à Masséna, son lieutenant. Cette belle défense ne préserva pas le royaume de la conquête. Napoléon venait de déclarer dans une proclamation que la dynastie de Naples avait cessé de règner ; cet arrêt devait s'accomplir, en attendant que la Providence, frappant de plus haut le conquérant, accomplit à son tour l'arrêt plus durable au devant duquel il marchait.

Dans le château on trouve le tombeau du connétable de Bourbon, tué en 1528, à la prise de Rome, en commandant les troupes de Charles V, qui commirent dans la ville éternelle des cruautés inouies. Ses restes sont conservés dans une petite chambre qui est à côté du premier corps de garde du château. Comme il était excommunié de droit et de fait, pour l'entreprise sacrilège dans laquelle il périt, ses soldats même n'osèrent l'ensevelir en terre sainte ; ils rapportèrent son corps à Gaëte où il est resté depuis ce temps. La caisse est dans une petite voûte taillée dans le roc, fermée d'une double porte de fer.

Le port de Gaële, garanti des vents du midi, du couchant et
du nord, présente une courbe, revêtue de beaux quais garnis
d'artillerie, avec des bastions du côté de la mer. Près de ce port
s'élève la célèbre colonne à douze faces, avec l'indication des
vents en grec et en latin.

Au sommet du promontoire du golfe, se trouve une tour
ronde appelée vulgairement, *Torre d'Orlando,* mais qui fut le
mausolée de Lucius Munatius Plancus, regardé comme le fondateur de Lyon et qui conseilla à Octave de prendre le surnom
d'Auguste, de préférence à celui de Romulus, que des flatteurs
voulaient lui donner, comme au restaurateur de Rome. L'inscription qui est au-dessus de la porte, a fait croire à quelques
antiquaires que c'était un temple de Saturne ; mais la forme du
monument, tout-à-fait semblable à celui de la famille Metella,
hors de la porte Saint Sébastien à Rome, connu sous le nom
de *Capo di bove,* prouve que ce n'a jamais été qu'un tombeau.
Voici l'inscription :

L. MUNATIUS. L. F. L. N. L. PRON.

PLANCUS. COS. CENS. IMP. ITERUM. VII. VIR. EPULON.

TRIUMP. EX. RHÆTIS. ÆDEM. SATURNI.

FECIT. DE. MANUBIIS. AGROS. DIVISIT. IN. ITALIA.

BENEVENTI. IN. GALLIA. COLONIAS. DEDUXIT.

LUGDUNUM. ET. RAURICAM.

On voit que cette inscription est en quelque sorte un abrégé
de la vie de Munatius Plancus ; les principales circonstances
qui l'ont signalée y sont rapportées, telle que celle d'avoir fait
bâtir un temple à Saturne des dépouilles des Rhétiens.

La *Latratina* est une tour ronde, mais plus petite que celle

d'Orlando. Gruterus prétend que c'était un temple de Mercure; on sait que cette divinité, qui est la même que
l'Anubis des Egyptiens était représentée avec une tête de
chien, ce qui a pu faire nommer son temple *Latratina* de *la-
trare*, aboyer et de *trina*, parce qu'elle rendait ses oracles en
trois réponses.

Après avoir recueilli tous les souvenirs que nous fournit l'histoire de cette ville, nous voulûmes, suivant notre coutume,
prendre connaissance des principaux monuments qu'elle renferme. Celui qui se présente d'abord, c'est la cathédrale, dediée à
saint Erasme. On se plait à y remarquer le beau tableau de la
Madone, près de la sacristie, par André de Salerne, et celui de
la *Piété*, près du maitre-autel, dû au pinceau de Paul Véronèse.
Mais ce qui attire surtout les regards, c'est le glorieux étendard
que Pie V offrit à don Juan d'Autriche, généralissime des armées
catholiques à la journée de Lépante. Au milieu de cet étendard,
est la figure de Notre Seigneur en croix. Des deux côtés sont
les apôtres saint Pierre et saint Paul, et en bas on lit cette
devise :

In hoc signo vinces.

A côté du maitre-autel, on nous fit remarquer une colonne
de marbre blanc sculpté, que l'on dit être provenue du temple
de Salomon. Elle est d'un caractère gothique et parfaitement
exécutée. Le vase antique de marbre parien, qui sert de baptistère, mérite de fixer l'attention par la belle exécution de
ses sculptures, dignes des beaux temps de la Grèce. Il a
environ quatre pieds de hauteur, et a la forme d'une cloche ren-
versée et soutenue par quatre lions de marbre. On y lit cette

inscription qui attribue ce monument à Salpion, sculpteur athénien :

ΣΑΛΠΙΩΝ
ΑΘΗΝΑΙΟΣ
ΕΠΟΙΗΣΕ

Le bord du vase est entouré d'une guirlande de pampre ; à l'extérieur on voit Ino, épouse d'Athamas, roi de Thèbes, assise sur un rocher ; elle cache un de ses enfants dans son sein pour le garantir de la fureur de son époux, tandis que des satyres et des bacchantes dansent autour d'elle au son des instruments. On y remarque un satyre qui joue de deux flûtes en même temps (*). Près d'une des portes de l'église on distingue un groupe antique d'une belle composition. La figure principale représente un vieillard posant les pieds sur un chien, couché en partie sur une tête de mort. Un serpent se tortille autour de la jambe et du corps du vieillard, dont la tête est surmontée d'un aigle. Le tout est de marbre et a quatre palmes d'élévation. Cet emblème a été l'objet de différentes explications ; nous donnons celle qui semble la plus vraisemblable : le vieillard représente Esculape, dieu de la médecine ; le serpent, la figure sous laquelle cette

_____

(*) On jouait de ces deux flûtes pour soutenir la voix dans le chant ou l'accompagner dans le récit. Celle de la droite rendait un son aigu, celle de la gauche un son grave. On les fabriquait avec des roseaux. Pour les flûtes gauches on prenait le bas du roseau qui étant plus gros et plus épais et ayant un trou plus large, rendait un son plus fort ; pour les flûtes droites on se servait du dessus des roseaux qui rendait un son plus distinct, par les raisons contraires. Tibias dextras et sinistras, cum uno eodemque tempore sonarent, ut histrionum vocem sequerentur, alteram incentivam, alteram succentivam fuisse. (Varro, lib. I, de re rustica). Dans la représentation de l'*Adrienne* de Térence, on annonçait qu'elle serait accompagnée de deux flûtes, tibiis dextris et sinistris.

divinité était adorée ; le chien marque la vigilance, qui est une des premières qualités d'un bon médecin ; l'aigle indique le pouvoir qu'exercent les dieux sur les créatures et enfin la tête de mort désigne tout le corps humain, dont la santé est l'objet de la médecine. (*). Le clocher est remarquable par sa hauteur et par sa belle exécution ; on prétend qu'il fut construit par ordre de l'empereur Frédéric Barberousse, en expiation de ses crimes.

Près de la porte de *Terra* il y a une plage, appelée *Serapo*, du nom de *Serapis*, divinité égyptienne, qui y avait un temple à l'endroit où est l'église de santa Fortunata, bâtie en 688, par saint Nil, abbé ; on y conserve le corps du bienheureux Etienne, disciple de ce saint.

A quelque distance et hors des murs de Gaëte, est située, sur une montagne, la célèbre église de la Sainte Trinité, desservie par des moines. A l'entrée de ce temple, on voit à droite une fontaine de marbre ; l'eau qui descend de la montagne est reçue dans cinq bassins fort grands, communiquant entre eux, d'où elle se répand ensuite par un canal dans la fontaine. On assure que ces bassins ont été construits par l'impératrice Faustine, qui avait choisi ce lieu pour y fixer son séjour. Au-dessus de l'église du côté de la montagne on trouve encore les vestiges de l'ancien monastère. Pour se rendre de l'église à la montagne, on passe par un assez long corridor, au bout duquel s'élève une chapelle dédiée à sainte Anne et à saint Nicolas de Bari. Sur la porte à droite on lit cette inscription composée par un moine bénédictin :

(*) Cet emblème me paraît représenter la vieillesse, qui, malgré la vigilance et la perspicacité des médecins, ne peut reculer le terme de la mort. (L'abbé Richard, descript. hist. de l'Italie, tom. IV).

UNA FUIT QUONDAM HÆC RUPES, NUNC DISSITA ; MONTES
    EXITIUM DOMINI CUM GEMUERE SUI.
DURIOR ES SAXIS, FERIOR FERITATE FERARUM,
    SIN LACRYMIS CERNAS HOC PIETATIS OPUS.

A gauche on trouve les vers suivants :

RUMPE COR, O MORTALIS HOMO, VELUT ARDUA RUPES
    RUPIT IN ARCE CRUCIS COMPATIARE DEO.
O HOMINUM DURUM GENUS, ARDUA SAXA DEHISCUNT,
    SAXEA CORDA HOMINUM STANT MORIENTE DEO.

On prétend que ce rocher se fendit à la mort de Notre Seigneur. En effet, ce rocher, qui n'a formé autrefois qu'un seul
massif, a été fendu par quelque grand effort, depuis sa cime
jusqu'à sa base, ainsi qu'il est aisé de s'en convaincre : les
pierres convexes d'un côté et concaves de l'autre correspon-
dent parfaitement; on a pratiqué entre les deux parties du
rocher, un large escalier qui conduit à une chapelle bâtie
au niveau de la mer, et dédiée à la sainte Croix, à laquelle
les nautonniers portent une grande dévotion. Arrivés en ce
lieu, s'ils vont à rames, ils s'arrêtent pour faire une courte
prière; puis en signe de vénération, ils saluent la chapelle
par une décharge de fusil. Revenus sains et saufs d'un long
voyage, ils vont dans les plus douces effusions de leur âme
offrir à Dieu le tribut de leur reconnaissance. On fait voir
sur un des côtés du rocher la forme d'une main imprimée dans
la pierre ; miracle arrivé pour convaincre un incrédule
qui ne croyait pas plus au rocher, fendu à la mort du
Sauveur, qu'à la flexibilité de la pierre, dont nous par-

lons (*). Un distique, gravé au-dessous, conserve la mémoire
de ce fait :

IMPROBA MENS VERUM RENUIT, QUOD FAMA FATETUR
CREDERE ; AT HOC DIGITIS SAXA LIQUATA PROBANT.

De retour à Mola, nous reprimes le chemin de sainte Agathe.
Après avoir parcouru quelques milles, le terrain qui nous avait
paru stérile sur une certaine étendue, reprend toute sa fertilité
et s'étend de la mer aux montagnes en vastes plaines parfaitement cultivées. Elles ont l'aspect de forêts d'oliviers entremélées
de chênes blancs ; sous leur feuillage, le sol est ensemencé et
porte en abondance du blé, des fèves et des lupins. La vigne
qui depuis Albano est presque toujours taillée à une petite
hauteur, s'élève de nouveau et suspend ses guirlandes au chêne
et au peuplier. Tout cela est entremélé d'une multitude de
tombeaux antiques de toutes dimensions et de toutes formes,
mais si mutilés, qu'il n'en reste plus que des ruines attestant
leur existence.

Pendant la route quelques jeunes enfants jetèrent dans notre
voiture de petits bouquets de fleurs qu'ils cueillaient au bord du
chemin, ou qu'ils avaient choisies dans les montagnes et nous
demandèrent la *carità*, en chantant avec beaucoup de grâce.

Aux environs de Trajetta, on voit épars dans la campagne et
près de la route, les restes d'un amphithéâtre, d'un aqueduc et
d'autres ruines qui ont appartenu à une ville considérable, dont
la gloire est éteinte. On croit que cette ville est *Minturnes*,

(*) Voir : Descrizione della Città di Gaeta di Pompeo Sarnelli, vescovo di
Bisceglia. Neapoli 1769.

bâtie autrefois sur les frontières du *Latium* et de la *Campanie*.
Le Gagliano arrosait ses murailles. Plus loin on traverse sur
un beau pont suspendu le Gagliano, anciennement *Liris*, qui
séparait le *Latium* de la *Campanie*. Le fabuleux et poétique
Liris, après avoir successivement porté, dans l'antiquité, divers
noms, prit, vers le onzième siècle, la dénomination barbare de
Gagliano. Son cours n'est ni moins lent ni moins triste qu'au
temps d'Horace :

NON RURA, QUÆ LIRIS QUIETA
MORDET AQUA, TACITURNUS AMNIS. (*)

Les bords de ce fleuve ornés de beaux arbres, virent s'accomplir, dans l'antiquité et dans les temps modernes, de grands
événements : les Carthaginois et les Romains guerroyaient sur
ses rives ; Marius, caché dans les roseaux du fleuve, fugitif,
voué à la mort comme Cicéron, se défendit contre les assassins
que Sylla avait envoyés contre lui, en prononçant le nom du
vainqueur des Cimbres. Il nous semblait voir ce grand homme
qui avait été sept fois consul, sortir, couvert de fange, du bour-
bier où il s'était caché et faire trembler dans ce moment même
les soldats auxquels il se livrait, tandis que sa fermeté et sa
gloire les empêchaient de porter sur lui des mains homicides. Le
chevalier sans peur et sans reproche, seul avec son écuyer, arrêta
sur le pont la cavalerie de Prosper Colonne et sauva l'armée
de Saluces. Gonzalve de Cordoue s'y retrancha, en 1503, avec
un faible corps d'armée pour attaquer les Français, les expul-
ser du royaume de Naples, et en assurer la possession à l'Espa-

(*) Lib. 1. oda XXVII.

gne. Accusé de témérité par ses propres officiers, il leur répondit héroïquement : « J'aime mieux trouver mon tombeau en gagnant un pied de terrain sur l'ennemi, que rallonger ma vie de cent années en reculant de quelques pas. » L'événement justifia cette résolution. Les Français furent battus complètement. Machiavel donnant des nouvelles de cette guerre à son gouvernement qu'elle intéressait, écrit : « du côté des Français il y a l'argent et de meilleures troupes ; du côté des Espagnols, il y a la fortune. » C'est aussi en parlant de ces campagnes souvent arrosées du sang français, que Brantôme s'écriait : « Hélas! j'ai veu ces lieux-là derniers, et mesmes le Garillan, et c'étoit sur le tard, à soleil couchant, que les ombres et les mânes commencent à paroistre comme fantosme, plus tost qu'aux autres heures du jour, où il me sembloit que ces âmes généreuses de nos braves François là morts, s'eslevoient sur la terre et me parloient et quasi me répondoient sur mes plaintes que je faisois de leur combat et de leur mort. » (*) Ces marais sont encore célèbres par la défaite des Sarrasins, qui, après avoir longtemps possédé cette partie de l'Italie, en furent enfin chassés par Albéric, marquis de Toscane, sous le pontificat de Jean X.

Près de l'embouchure de cette rivière, on trouve le village Feretale, triste reste d'une ville jadis fort célèbre, et dont les ruines se voient au pied de la montagne appelée *Rocca di Mondragone* ou mont *Garus*, autrefois *Massicus*, qui s'avance en forme de cap dans la mer Méditerrannée. Horace célébrait les vins de cette montagne, dont nous vimes devant nous les crêtes verdoyantes :

(*) Vie de Gonzalve de Cordoue.

OBLIVIOSO LEVIA MASSICO
CIBORIA EXPLE. (*)

» Buvez à pleine coupe le Massique qui fait oublier les maux. »

A Gagliano on quitte la voie Appienne, la plus ancienne, la plus noble des voies antiques, surnommée la reine des voies romaines, *regina viarum*, qui a rendu immortel le nom du vieil et aveugle censeur Appius Claudius. Elle était décorée autrefois de somptueux mausolées, de temples, d'arcs de triomphe et d'autres monuments, qui s'étendaient jusqu'à Bénévent et Brindes, et dont l'entretien ou la réparation furent des titres de gloire de César, d'Auguste, de Vespasien, de Domitien, de Nerva, de Trajan et de Théodoric. On entre ensuite dans la fertile *Campanie,* que Cicéron appelait le plus beau domaine du peuple romain. A huit milles du Gagliano, on aperçoit *Sesse,* aujourd'hui petite ville, située sur une hauteur dont la route fait le tour ; on l'appelait jadis *Suessa Auruncorum.* C'était une des principales cités des Volsques, et elle donna le jour à Lucilius, le poète satirique de Rome. Quoiqu'elle soit assez grande, à en juger par l'enceinte de 'ses murailles, elle est cependant bien déchue de son antique splendeur. Aussi, il n'y a que son antiquité qui la rende un peu remarquable. Ce fut là que les Pométains se retirèrent, après que Tarquin le superbe les eut chassés de leur ville *Pometia ;* mais pour conserver du moins le souvenir de leur patrie, ils donnèrent à la ville qui les reçut le surnom de *Pometia.* Les Arunces s'y refugièrent aussi après avoir été vaincus par le

(*) Lib. II. oda V.

5

consul Titus Manlius, qui donna du secours aux Sidicins leurs
ennemis. Enfin elle se soumit aux Romains, qui en firent une
colonie, quatre cent quarante ans après la fondation de leur
ville. *Suessa* eut beaucoup à souffrir des guerres d'Annibal et ne
commença à se rétablir peu à peu que du temps des empereurs
Adrien et Antonin.

Dans l'église des Dominicains est le tombeau d'Augustin
Niphus (*) l'un des plus grands philosophes de son temps. Les
plus célèbres universités de l'Italie lui offrirent des chaires et
des sommes considérables. Il donna en dernier lieu le cours de
philosophie à Salerne, où le prince de ce nom, dont le père
avait été le protecteur de Niphus, l'appela en 1525. Le Pape
Léon X le créa comte palatin, lui permit de joindre à ses armes
celles de la maison de Médicis et lui donna le pouvoir de créer
des maîtres ès-arts, des bacheliers, des licenciés, des docteurs
en théologie et en droit civil et canonique et d'anoblir trois personnes. Les lettres-patentes de tous ces singuliers priviléges sont
du 15 juin 1521. Niphus parlait avec grâce, avait le talent
d'amuser par ses contes et par ses bons mots ; ses discours
cependant décélaient son extrême vanité. On prétend que, dans
un accès d'égoïsme vaniteux, il osa dire à Charles-Quint : « *Je
suis empereur des lettres, comme vous êtes empereur des soldats.* »
Ce prince lui ayant demandé comment les rois pouvaient bien
gouverner leurs états. « *En se servant de mes semblables.* » On
voit que dans tous les siècles l'orgueil de ce genre d'hommes a
été le même. On a de lui : des *commentaires* latins sur Aristote
et Averroès, 14 vol. in folio ; *Opuscules* de morale et de politi-

(*) Il naquit à Japoli dans la Calabre, vers 1473 et mourut à Sesse le 18 juin
1538.

que, Paris, 1645 ; un traité *de l'immortalité de l'âme*, contre Pomponace, 1518, in-fol ; un traité très rare : *De falsa dilurii prognosticatione, quæ ex conventu omnium planetarum qui in Piscibus continget anno 1524, divulgata est*, Rome, 1521. Tous ces ouvrages sont écrits dans un style diffus et incorrect (*).

En continuant la route on passe près de la montagne de Falerne, dont le vin renommé fut chanté par les poëtes, et l'on arrive au village de Sainte Agathe, délicieusement situé au milieu de jardins et environné de collines et de sites ravissants.

(*) Voir dict. hist. de De Feller.

SANTA AGATA.

Jeudi, 16 avril.

Capua domicilium superbiæ et sedes luxuriæ.
Cic. Orat. II. Contra Rullum.

Dès l'aube du jour nous traversions la campagne sur la route si gracieusement accidentée qui mène de Sainte Agathe à Capoue. Rien n'est plus séduisant que l'aspect des plaines de la *Campanie*. Là, vous trouvez des champs cultivés ; plus loin, de longues files de peupliers enlacés de vignes grimpantes et s'élançant de l'une a l'autre de ces vertes pyramides en festons chargés de grappes ; puis, des champs de roses cultivées et même de roses sauvages, plus odorantes encore ; car il semble, dit Pline, que cette terre enchanteresse ne veuille produire que des choses agréables, des plaines de myrtes , et, pour compléter la séduction et animer ces bosquets, quantité de beaux pigeons roucoulent sous leurs ombrages. La description que Varron a tracé de la *Campanie*, est encore fidèle aujourd'hui. La terre, si facile aux laboureurs, n'exige pas, que le buffle y imprime ses lourds sillons, ni que le cheval y deploie laborieusement ses forces. L'àne y traine la charrue et ses efforts suffisent au labourage. (*) Les champs produisent annuellement deux récoltes, et portent à la fois plusieurs fruits ; aucune jachère n'attriste l'œil du voyageur. Les raisins s'y mêlent à diverses espèces de céréales. On y voit partout des aloës en fleurs, d'autres en pleine croissance, quoi qu'ils aient déjà porté des fleurs. Ce qui contredit l'opinion de ceux qui prétendent que cette plante ne fleurit que tous les cent ans, et qu'elle meurt immédiatement après.

Il y a néanmoins dans cette contrée un inconvénient signalé déjà par Horace, et que nous ne tardâmes pas à éprouver. Lorsque le vent vient à souffler, il provoque des tourbillons de poussière, tels qu'on ne s'en retire que péniblement tourmenté :

> Trahentia pulveris atri,
> Quantum non Aquilo Campanis excitat agris. (**)

Rien ne rappelle mieux ces temps heureux, où les hommes mettaient tant de soin à perpétuer le souvenir d'une époque mémorable de la vie par l'éclat d'une brillante fête, que le jour où tout un village de la *Campanie* se réveille à la nouvelle d'un hymen que doivent contracter deux de ses enfants bien-aimés. Nous fûmes témoins de toute l'allégresse que déployèrent ces campagnards, au moment où ils s'étaient empressés de quitter leurs

(*) De re rustica, lib. I. cap. X.
(**) Lib. II. Sat. VIII

belles campagnes pour fêter dignement un jeune couple, dont
les destinées allaient s'unir par les plus tendres liens. A une
courte distance de Sainte Agathe, nous trouvâmes la route jonchée
de fleurs. Un peu plus loin, nous rencontrâmes une joyeuse
caravane, au costume pittoresque et flatteur, montée sur des chevaux ornés des pieds à la tête de fleurs odoriférantes. Autour
des uns serpentaient des guirlandes de lierre, entremêlées de
roses ; les autres avaient sur la tête d'ondoyants plumets, et des
rubans aux mille couleurs. Les cavaliers offraient une grande
variété de costumes ; leurs chapeaux, négligemment posés sur
leurs têtes, étaient surmontés de branches de palmier, et leurs
vêtements nationaux chargés de bouquets. Quelques uns portaient, en cadeaux de noces, aux époux des instruments aratoires.
Puis arrivaient deux buffles aux grandes cornes soigneusement
ornées. Ceux-ci étaient destinés à être désormais lancés aux
pâturages des nouveaux laboureurs. Ils formaient la dot naïve
des parents. Ensuite s'avançait un char, vrai triomphe de
Cérès, orné de tout ce que la campagne de Naples produit de
plus riches fruits et de fleurs les plus variées. Il portait les
doux objets de cette éclatante ovation. Ces derniers s'y trouvaient comme dans un bosquet, entouré de parfum d'oranger et
de laurier. Tout autour se tenaient sur leurs chevaux hennis-
sants les innombrables amis des fiancés, complétant ces délices
par les concerts de leurs chants nuptiaux, qu'ils accompagnaient
de leurs mandolines harmonieuses. Tout cela respirait la cor-
dialité la plus franche, la générosité la plus désintéressée, et la
joie la plus sincère.

CAPOUE.

Après avoir traversé le *Volturno* sur un beau pont, on entre dans la moderne Capoue, baignée par ce fleuve.

Cette ville, bâtie au pied du mont *San Nicolo*, est petite, gaie, vivante, peuplée et fortifiée à la moderne. Elle compte huit mille habitants, nombre assez élevé pour son peu d'étendue. C'est une espèce de place forte qui, en dépit de ses murailles, pourrait facilement tomber au pouvoir de l'ennemi, puisqu'elle ne se lie à aucun système de stratégie générale. Il y existe une école d'application pour l'artillerie et le génie. Successivement conquise, depuis le neuvième siècle de notre ère, par les Lombards, les Normands, les empereurs d'Allemagne, les princes de la maison de France et les Espagnols, elle a soutenu des siéges nombreux.

On ne connaît au juste à quelle époque, et par qui a été fondée

la nouvelle Capoue. On croit communément que les habitants
de ce pays, obligés de se soustraire par la fuite à l'implacable
fureur des barbares, abandonnèrent leur séjour primitif, et se
dirigèrent vers les rives du *Volturno*, où ils se fixèrent définiti-
vement lorsque plus tard ces sanguinaires cohortes eurent cessé
de les poursuivre. Une autre version rapporte qu'elle fut
fondée, l'an 856, par Landone, neuvième comte de Capoue, et
par ses frères, dont l'un était l'évêque Landulfe, et que ceux-ci
conduisirent vers le pont *Casilinus* les habitants de Sicopolis et
bâtirent la nouvelle ville.

L'ancienne Capoue a enrichi la nouvelle de ses débris ; on
retrouve partout dans celle-ci des traces de ce vandalisme, mais
ces débris de l'antiquité perdent leur prix en se déplaçant :
ils étaient des monuments dans la ville d'Annibal, ils ne sont
que des matériaux ou des hors-d'œuvre dans la forteresse de
Vauban. De vulgaires maisons privées sont incrustées de belles
pièces de marbre, quelquefois chargées d'inscriptions qui révèlent leur antiquité et leur splendeur passée. De simples portes
sont surmontées de débris d'arcades, ornées de sculptures, et les
bornes des rues sont formées de magnifiques tronçons de colonnes.

Capoue possède peu de constructions remarquables ; cependant il faut visiter sa belle cathédrale, bâtie par la munificence
du cardinal Carracciolo. Trois portes donnent entrée dans ce
vaste temple. Le premier objet qui frappe la vue dans cette
église gothique, est une *Madone* en mosaïque, un des plus beaux
ouvrages de l'époque byzantine ; elle date du neuvième siècle.
La sainte Vierge porte la couronne de perles, la tunique et le
manteau émaillés de pierres précieuses, suivant l'usage des
impératrices d'Orient. La figure est d'une grande beauté et la
pose très gracieuse. Les pieds de la divine Mère reposent sur le

suppedaneum, réservé aux personnages de distinction ; l'Enfant Jésus tient de la main gauche une grande croix. A droite de la Vierge sont debout, saint Pierre et saint Étienne, le premier portant les clefs divines dont il fait hommage à Marie ; le second vêtu de la dalmatique et tenant le livre des Évangiles, symbole de ses fonctions ; à droite, et dans la même attitude, saint Paul élève la main vers Marie, et sainte Agathe, couverte d'un manteau étincelant de pierreries porte de la main gauche une couronne de perles, symbole de la virginité. Au-dessus de la sainte Vierge apparaît le Saint-Esprit, en forme de colombe, la tête entourée d'un diadème triangulaire, emblème bysantin de la Sainte Trinité. On y lit l'inscription suivante, qui nous fait connaître le nom de celui qui a bâti l'église, et de celui qui l'a consacrée :

CONDIDIT HANC AULAM LANDULFUS, ET OTO BEAVIT.
MÆNIA, RES, MOREM, VITREUM DEDIT HUGO DECOREM.

Le maître-autel est orné d'une *Assomption* de Solimène ; on admire surtout la touche brillante du pinceau et la fermeté du dessin qui dominent dans tous les ouvrages de ce grand maitre. Les statues, placées derrière le chœur, sont d'un bois rare, artistement sculptées. Une des chapelles possède un autre chef-d'œuvre de Solimène : la sainte Vierge et l'Enfant Jésus, entourés de saint Étienne et de saint Augustin ; la composition de ce tableau et les expressions sont gracieuses, et l'on y trouve une parfaite entente du clair-obscur. Une belle inscription rappelle à la mémoire les vertus du célèbre cardinal Bellarmin archevêque de cette ville, la gloire de l'ordre de saint Ignace et l'un des plus brillants génies du seizième siècle.

Un double escalier en marbre et à deux rampes conduit à une chapelle souterraine. A travers une grille, on admire le *Christ mort*, ouvrage de Bernini, suivant les uns, et selon les autres de Vaccaro, son élève. Cette belle statue se recommande surtout par l'élégance du travail et la souplesse que ce maître sut imprimer au marbre et dont son école conserva si bien la tradition.

L'église *dell'Annunziata* est décorée à l'extérieur dans l'ordre corinthien; l'architecture en est très simple : on croit que c'est un ancien temple; mais il n'y a que le stylobate qui soit vraiment antique, car les anciens n'ont point connu les pilastres groupés, tels qu'on les trouve à l'extérieur de cet édifice. La décoration intérieure est très riche.

L'ancienne Capoue est à trois milles de la moderne. Cette ville si renommée par sa population, ses richesses, son luxe et le rôle qu'elle a joué à deux époques différentes, au temps de la république romaine et sous le règne des empereurs, a complètement disparu. Selon Florus, Capoue, Rome et Carthage étaient les trois premières villes du monde.(*) La situation de cette ville était dans une plaine fertile de la *Campanie, Campania felix*, dont elle était la capitale, et que Cicéron appelait le plus beau domaine du peuple romain. Florus en parle dans le même sens : » le territoire de la Campanie est le plus beau, non seulement de l'Italie, mais du monde entier ; rien de plus doux que son climat, rien de plus fecond que son territoire, qui chaque année produit deux fois des fleurs. » (**)

(*) Ipsa caput urbium Capua, quondam inter tres urbes maximas Romam, Carthaginemque numerata. lib. 1. cap. XVI.

(**) Omnium non modo Italiæ, sed toto terrarum orbe pulcherrima Campaniæ plaga est; nihil mollius cælo, nihil uberius solo, deinde floribus bis vernat. Lib. 1. cap. XVI.

Les vins de Falerne et de Massique, le *Cæcubum*, le *Calenum* et les huiles de Venafre, se tiraient de ces campagnes. Horace disait à Mécène :

Cæcubum et prælo domitam Caleno
Tu bibes uvam. (*).

« Vous goûterez le Cécube et le jus des raisins foulés par les pressoirs de Calès. »

Polybe, qui écrivait cent cinquante ans avant Jésus-Christ, l'histoire de la guerre d'Annibal, parle ainsi des plaines de Capoue : « Les campagnes qui environnent cette ville sont la partie la plus noble de toute l'Italie et la plus distinguée par l'agrément et la bonté de ses terres ; d'ailleurs, elles sont près de la mer, où abordent les étrangers de toutes les parties du monde, lorsqu'ils viennent en Italie ; c'est là que sont les villes les plus célèbres et les plus belles : en effet, les côtes de la *Campanie* sont occupées par les habitants de Sinuesse, (*Rocca di Mondragone*), de Cumes, de Pouzzoles, de Naples et de Nocera, la moins ancienne de toutes. Dans l'intérieur des terres, du côté du nord, sont Calène, (*Calvi*) et Tiano ; à l'orient et au midi, Ascoli et Nola : au milieu de ces campagnes est située Capoue, plus florissante que toutes les autres. Comme les pays les plus beaux et les plus riches, on a appelé cette province *Phlegræa*. Cette plaine fut occupée autrefois par les Etrusques, qui, ayant à soutenir de nombreuses guerres contre d'injustes agresseurs, se firent connaître des étrangers et acquirent une grande réputation de bravoure (**). »

(*) Odar. lib. I. XVIII.
(**) Lib : II.

Selon Strabon, Capoue fut bâtie par les Tyrrhéniens chassés
des bords du Pô par les Gaulois, environs 542 ans avant Jésus
Christ. Le savant Mazzocchi croit qu'elle avait été fondée par
les anciens Etrusques et nommée *Camba*, qui dans leur langue
signifiait *vautour ;* en effet, on l'appela d'abord *Vulturne* et
ensuite *Capua.* Mais d'autres auteurs, tels que Virgile,
Suétone et Pline en fixent l'origine à trois cents ans avant ce
temps ; selon ces derniers, Capoue aurait été fondée par Capys,
l'un des compagnons d'Enée, d'où lui viendrait son nom de
Capua :

> Urbs Capys hoc campo ! ambitiosa hic æmula Romæ !
> Parvula quam magni corporis ossa jacent.

Les Tyrrhéniens, attaqués et vaincus par les Samnites,
furent obligés d'abandonner la ville à leurs vainqueurs, qui la
quittèrent à leur tour, après l'avoir dépouillé d'une grande
partie de ses richesses. Capoue fut si célèbre du temps des
Romains par les agréments de sa situation et par les mœurs de
ses habitants, qu'on l'appelait *Capua dives.* (*) Les soldats
romains qui avaient hiverné à Capoue 343 ans avant Jésus
Christ, étaient si charmés de l'abondance et du luxe de cette
ville, qu'ils avaient formé le complot de s'en rendre maitres et
d'y fixer leur séjour ; mais les voluptés de Capoue produisirent
un événement bien plus important, lorsqu'Annibal y fut retenu
pendant l'hiver 217 ans avant Jésus-Christ, après la bataille
de Cannes, au moment où il pouvait s'emparer de Rome et
mettre fin à son expédition : les délices de Capoue sauvèrent la

(*) Georg. lib, II. 224

république. Ce grand homme pour attacher les Capouans à ses intérêts, leur avait promis de faire de leur ville la capitale de l'univers :

In primis Capua, heu rebus servare secundis,
Inconsulta modum et pravo peritura tumore. (*)

Ils se laissèrent prendre à cet appât, mais leur ambition leur coûta cher. Après la défaite du général carthaginois, les Romains exercèrent contre les habitants de cette ville une vengeance implacable. Capoue fut surprise à la suite d'un long siége ; ses habitants, réduits en esclavage, furent vendus à l'encan et ses sénateurs, après avoir été battus de verges, furent décapités. Vibius Virius, qui avait engagé les habitants à se déclarer pour Annibal, s'empoisonna avec les principaux chefs de son parti, au nombre de vingt-sept, après un somptueux repas où il les avait invités. Les vainqueurs ne permirent pas que la ville eût encore un sénat et une magistrature ; ils lui ôtèrent les marques d'honneur des républiques et voulurent que ses édifices pompeux fussent habités par des laboureurs. Il n'y eut que les affranchis et la populace qui pussent fréquenter la ville. Capoue frappée au cœur languit pendant plus de cent trente ans et ses terres devinrent la propriété du peuple romain. Le plus doux des hommes, Cicéron, n'a pas craint d'approuver de pareilles horreurs qu'il attribue plutôt à la prudence, qu'à la cruauté : *non crudelitate sed consilio.* Jules César y envoya une colonie romaine, peu de temps avant sa mort ; ce qui fait, que, dans quelques anciens monuments, elle porte le nom de *Julia*

(*) Silius Ital. lib : VIII.

Capua Felix. Au cinquième siècle Capoue fut de nouveau saccagée par Genseric, roi des Vandales et rétablie peu après par
Narsès, général des armées de Justinien. Les Lombards, maîtres
de presque toute l'Italie, la renversèrent et la laissèrent dans
l'état de la plus grande désolation. Cette ville n'a pas seulement
été démolie, mais ses ruines ont encore été recouvertes d'une
épaisse couche de terre, sans qu'il soit resté de tradition sur la
cause de cette disparition.

Les premiers objets qu'on rencontre dans cette ville, illustrée
de tant de souvenirs, sont les ruines d'un arc de triomphe qu'on
croit avoir été une des portes de Capoue et dont il subsiste
encore une arcade entière et la pile d'une seconde. Des niches, pratiquées tant à l'extérieur qu'à l'intérieur de ces arcades, indiquent que rien n'avait été négligé pour que cette entrée
de Capoue répondit à l'opulence de ses habitants et à la beauté
de ses monuments. Arrivés en vue du petit village de *sainte
Marie Majeure*, nous suivimes la route qui conduit aux ruines
de l'ancien amphithéâtre de Capoue. Ce magnifique monument
montre quelle était la richesse, la puissance de cette reine de la
Campanie, dont la civilisation étrusque avait de longtemps de-
vancé celle de Rome. Cet édifice a été regardé comme le plus
ancien et le modèle de tous les autres amphithéâtre. Les Cam-
paniens avaient inventé les combats des gladiateurs. Cicéron prétend que la fertilité du sol produisit la férocité des habitants ;
effet extraordinaire, mais que d'autres exemples expliquent :
combien de fois le sang n'a-t-il pas coulé au milieu des ban-
quets, des fleurs et des parfums! Si cet édifice n'a point égalé en
grandeur le Colysée de Rome, il n'a rien dû lui céder en magnificence, ce qu'attestent les débris de colonnes, de statues, de
bas-reliefs et de lambris en marbre qu'on y a déterrés. Toute la

partie extérieure est détruite, à l'exception de la base des colonnes et d'une des portes d'entrée, dont il reste encore une partie assez considérable. Les Capouans firent, les premiers, usage du *velarium*, voile de soie de diverses couleurs tendu au-dessus de l'amphithéâtre pour tempérer l'ardeur du soleil ; c'est pourquoi les Romains les taxèrent de mollesse , quoiqu'ils n'aient pas tardé à imiter cette coutume. La forme de cet amphithéâtre est elliptique ; son plus grand diamètre a 252 pieds, et son plus petit, 153. Sa circonférence extérieure est de 396 pieds et l'épaisseur des murs de 52. Ce monument est bâti de briques et revêtu de grandes pierres blanches, qui ressemblent à un marbre brut. L'arène est entièrement déblayée ; tout autour règne une galerie où l'on voit encore les bancs en marbre sur lesquels on présume que s'asseyaient les gladiateurs avant de se livrer à leurs exercices sanglants ; autour de cette galerie et le long de divers corridors on voit des chambres voûtées, qui peut-être étaient aussi à la destination de ces combattants. Deux autres larges galeries traversent l'édifice et aboutissent à chaque extrémité du petit diamètre de l'ellipse, et l'on présume par la largeur de chacune d'elles, qu'elles servaient de passage aux animaux destinés aux combats.

C'est au-dessus de ces souterrains, aujourd'hui entièrement déblayés, que se trouve l'arène ; et tout autour du *Podium*, mur qui séparait les spectateurs de l'arène, on voit encore des restes de gradins destinés à asseoir les spectateurs, ainsi que les vomitoires ou passages par où le public sortait ou entrait, montait ou descendait dans l'amphithéâtre. Ce vaste édifice était orné, comme celui de Rome, de quatre ordres d'architecture ; sur l'architrave, qui séparait le premier ordre du second, étaient en relief les têtes de toutes les divinités du paganisme ; entre le

second et le troisième les bustes des mêmes divinités, entre le
troisième et le quatrième leurs statues ; il n'existe plus qu'une
partie de la décoration du premier ordre ; le reste a été enlevé.
Ce devait être une chose fort singulière de voir cette nombreuse
assemblée de divinités payennes, chacune avec ses attributs, à
la suite les unes des autres.

Cet amphithéâtre, construit par une colonie de César, réparé,
embelli sous Adrien et dédié à Antonin le pieux, devint une
citadelle, en 840, lors de l'invasion des Sarrasins. Assiégés par
l'évêque de Naples, ces barbares s'y défendirent, et alors péri-
rent les statues, les colonnes furent renversées, les murs et les
arcades croulèrent. Depuis lors, à diverses époques, des brigands établirent leur repaire dans les loges qu'avaient habitées
les bêtes féroces ; maintenant les seuls visiteurs de l'amphithéâtre sont les voyageurs, qui escaladent à grande peine les
ruines pour jouir, de ce point élevé, d'une magnifique perspective , qu'animent tout auprès les eaux du Vulturne, et
qu'embellit, dans le lointain, le sommet majestueux du Vésuve.
Près de cet amphithéâtre, nous fûmes témoins d'une chasse au
buffle. Des cavaliers armés de longues piques pointues poursui-
vaient la pauvre bête à travers les guérets; elle tomba enfin
demi-morte et reçut le coup de grâce à nos pieds. Lorsqu'il est
ainsi traqué et poursuivi, le buffle entre en fureur; malheur à
celui qu'il rencontre sur son passage! Aussi la campagne ne
retentit que d'un seul cri : *buffolo! il buffolo!* le buffle! le
buffle! Les laboureurs renvoient cette clameur comme un écho,
et nous voyions autour de nous des troupes de femmes et
d'enfants se cacher tout effrayés derrière des arbres ou des
masures.

Quelques autres lambeaux de sculpture et d'architecture

gisant çà et là dans la plaine, prouvent qu'on y bâtissait avec magnificence.

Ce sont là les seuls souvenirs de cette ville molle et voluptueuse, souillée de tant de sang et d'iniquités.

Pour dernier adieu à Capoue, saluons avec les siècles les héros dont le sang purifia l'antique cité, fameuse entre toutes, par les crimes qui la dégradèrent. A leur tête marche saint Prisque, son premier évêque, mis à mort sur la *via Appia*, par ordre de Néron; vient ensuite son illustre successeur, saint Rufus, patricien, évêque, disciple de saint Pierre et martyr; sur ses traces, voici venir le jeune Antonin, avec Ariste, son compagnon, Quinetus, Arcontius, Donatius, Rosius, Héraclius et beaucoup d'autres qui forment la glorieuse légion que terminent saint Rufus et saint Carpophore, martyrisés sous Dioclétien.

Aux environs de Capoue il existe différents villages dont les noms révèlent une antique origine. Selon Vasi, *Marcianise* était un temple de Mars; *Ercole* un temple d'Hercule; *Cultis* un palais de justice ou *Curia; Cassa Pulla* un temple d'Apollon. Mais ces lieux ne conservent plus de cette époque que leur nom.

De Capoue à Naples, la route présente une vaste campagne sans ondulations sensibles. L'olivier n'y est plus cultivé, quoique le climat lui soit favorable; la vigne, grimpant au sommet des ormes, le remplace; peut-être parce qu'elle offre un revenu plus considérable et mieux assuré; car l'olivier ne donne une bonne récolte que tous les deux ans. Cependant les principaux propriétaires de ce genre de plantations ont réalisé, depuis quelques années, de gros bénéfices. Les arbres se multiplient dans beaucoup de localités, et plusieurs spéculateurs ont formé des établissements, et construit des moulins pour la fabrication d'huile comestible. Les huiles fournies auparavant au commerce n'étaient destinées qu'aux manufactures et principalement aux savonneries, moins à cause de la qualité des olives, que par suite de la négligence apportée à la fabrication. Placés en tas et laissés longtemps en fermentation, les fruits re... ient davantage, mais contractaient une odeur infecte. On a e...n compris que, pour obtenir des huiles bonnes et d'un prix plu. élevé, il fallait de la promptitude et de la propreté. La récolte peut être maintenant évaluée, année moyenne, à 624,000 hectolitres. Les deux tiers sont consommés dans les états de Naples, et le reste s'expédie en Belgique, en France, en Angleterre et en Allemagne.

A une lieue et demie de Capoue on passe... *Clanio*, autrefois *Clanius*, qu'il faut distinguer du *Clanis*, situ. auprès de *Chiusi* en Toscane.

AVERSA.

Aversa, ainsi appelée parce qu'elle servait de barrière entre Naples et Capoue, dont elle est éloignée à distance égale, est une ville bien bâtie, qui avait autrefois une forteresse importante. Elle fut fondée dans le dixième siècle, par Robert Guiscard gentilhomme normand, duc de la Pouille et de Calabre, dans le dessein de l'opposer à Naples, dont il voulait attirer les habitants dans la nouvelle ville. Ce projet qui ne devait pas réussir, prouve cependant le génie entreprenant de ce célèbre aventurier. Il la forma des ruines de l'ancienne ville d'Atella qu'il acheva de détruire, et dont Léon IX transféra le siége épiscopal à Aversa. Fortifiée, en 1130, par les Normands, elle devint, lorsqu'elle appartenait à des feudataires infidèles, une cause d'embarras pour le suzerain. Révoltée et soutenue dans sa révolte par la maison Rebursa, cette ville, qui avait con-

stamment tenu le parti des princes de la maison de Souabe, fut
entièrement détruite par un long siège, sous Charles II, de la
maison d'Anjou, roi de Naples et bientôt reconstruite, grâce à
sa position au milieu de belles prairies et de terres d'une rare
fertilité.

C'est au couvent de saint-Pierre, à Majella, l'ancien château,
que fut étranglé et jeté par la fenêtre André, le mari de la reine
Jeanne ; c'est là aussi que périt Jeanne elle-même et Charles de
Duras, son second époux, complice du meurtre d'André.

Le vin mousseux d'Aversa, dit *asprino*, se trouve cité par Redi,
dans son dithyrambe. On le donne souvent pour du vin de
champagne aux amateurs peu expérimentés.

Cette ville possède d'élégantes églises et quelques palais. A
l'église de l'*Annunziata*, on admire un beau tableau de Solimène, représentant l'*adoration des bergers*. Mais ce qui distingue Aversa, c'est son bel établissement pour les aliénés
qui fait honneur à l'administration du royaume et à l'abbé Lin-
guetti, son fondateur, auteur des recherches sur l'aliénation
mentale. Cette institution, qui date de 1813, a acquis une
réputation européenne ; il y règne partout une propreté extrême
et même un certain luxe dans le mobilier. Ce qui manque dans
cet hospice, ce sont des lieux de réunion et des salles de travail.
Les aliénés couchent dans un dortoir commun ; ceux qui trou-
blent le repos de leurs voisins sont reclus dans des cellules. Tous
y sont l'objet de soins assidus et d'une admirable sollicitude. On
est parvenu à soumettre quelques uns de ces malades au travail,
mais on ne réussit pas entièrement dans cet effort. Les plus
aptes aux leçons qu'ils reçoivent, sont destinés à l'art typo-
graphique et même à la musique ; on applique au jardinage et
aux occupations manuelles les moins intelligents. On a principa-

lement recours à des distractions agréables et il paraît que c'est là le premier but des fondateurs de cet hospice et des administrateurs actuels. On trouve dans la salle principale une bibliothèque, un billard, un piano et d'autres instruments de musique. Ces malheureux font des promenades dans la maison musique en tête ; ils chantent à la chapelle et donnent parfois des *concerti*. Il semble cependant que la musique exécutée en commun devant toute une population d'aliénés, ne puisse porter dans le moral de ces patients que des émotions qui sont loin de servir à leur avantage. La musique ne convient réellement que lorsque le malade la cultive lui-même. On veut, en tout, agir sur leurs sens, fixer leur attention. Les murs sont couverts de peintures et partout l'œil rencontre des bas-reliefs, des groupes, des statues et des inscriptions. Les vers suivants de Delille sont inscrits sur le mur du vestibule :

> Adoucissons leur sort, traitons avec bonté
> Ces malheureux bannis de la société.
> Par de durs traitements ne l'effarouchons pas ;
> Que des objets riants se montrent sous leurs pas.

En voyant ces êtres infortunés, privés de la raison et que le malheur, la gloire ou l'ambition avaient fait tomber dans ce triste état, nous gémissions sur leur sort déplorable ; et quel cœur ne se serait pas attendri à la vue de ces hommes dont les luttes intérieures avaient dérangé les facultés intellectuelles ? Il était consolant de voir que plusieurs d'entre-eux avaient toutefois conservé un physique sur lequel on n'apercevait encore aucun des ravages que produisent les désirs effrénés, l'amour, l'enthousiasme. Néanmoins beaucoup étaient affligés de maladies

chroniques; les violentes commotions de leur âme avaient travaillé leur existence entière. Ceci n'est pas étonnant dès qu'on
considère que la physionomie réflète toujours les agitations
de l'âme. Nous faisions de semblables réflexions, lorsque nous
vîmes s'avancer vers nous un homme à la face creuse, au regard
égaré, et dont la marche lente semblait annoncer une sorte de
paralysie. Sa bouche seule s'ouvrait au cri : « *Prudence, mes-
sieurs, prudence, vous me briserez ; si vous me touchez, vous
allez m'anéantir. Mon corps de cristal pourrait se rompre et vous
blesserait dans sa chûte.* » Nous fîmes deux pas en arrière et
nous adressâmes quelques paroles à ce malheureux pour l'interroger sur la manière dont il envisageait son existence. Il nous
répondit que son corps était de verre fin et sa tête de cristal de
Bohême ; qu'il passait ses journées à surveiller ceux qui l'entou-
raient, afin que personne n'eût l'imprudence d'approcher trop
près de son corps fragile. Il nous engagea à nous éloigner de sa
personne, prétextant la crainte qu'il avait que notre souffle n'ob-
scurcît et n'enlevât le luisant à ce globe de cristal policé qu'il
appelait sa tête. Nous continuâmes à circuler dans les salles de
l'hospice, lorsqu'après avoir jeté les yeux sur un groupe de ces
infortunés, dont le mutisme était absolu, nous fîmes encore la
rencontre d'un poète que l'exaltation, la vanité et la misère
avaient conduit dans ce triste séjour. Celui-ci disait qu'il occupait
le sommet du Parnasse, qu'il était le premier favori de la muse,
ayant à ses genoux le Tasse, le Dante et l'Arioste, dont les vers
n'avaient pas le privilége de ses poésies, celui d'être chantés par
la bouche de *Calliope* elle-même. Nous lui demandâmes de ré-
citer ceux que la muse aimait surtout à se rappeler. Il s'em-
pressa de nous satisfaire, et nous fît entendre une tirade, pleine
de verve, et que nous croyions pouvoir envisager comme un

chef-d'œuvre dans son espèce. Voici une idée de cette curieuse improvisation : « La déesse me sait bon gré d'avoir usé de la force que je lui dois, pour me mesurer avec Homère et Virgile, et pour ne pas avoir voulu me faire le rival de leurs disciples. L'homme qui veut détacher ses pas de cette vallée de misères pour les lancer sur le radieux Parnasse, ne peut pas s'arrêter lorsqu'il a simplement atteint une supériorité sur les esprits vulgaires, car il risque d'éteindre prématurément le feu sacré dont la divinité lui a confié le perpétuel entretien. Il en est de cela comme de la perfectibilité conditionnelle que l'homme intercepte par les excès de la corruption, et par le trop fréquent contact de la matière. Si nous voulons l'emporter sur les autres, hâtons-nous de prendre les modèles les plus parfaits. Adressons-nous à ceux qui, les premiers, ont découvert la source inépuisable à laquelle tous les autres sont venus s'abreuver ou se perdre. C'est en agissant ainsi que la muse, à laquelle je dois tant de reconnaissance, m'a placé bien au-dessus d'Arioste et des autres enfants qu'elle a tant aimés. Si Homère et Virgile occupent un degré plus élevé, je ne le dois qu'à l'irrégularité accidentelle du Parnasse. » Ce furent les deux rencontres que nous fîmes dans ces lieux.

En sortant de cet hospice, l'imagination est péniblement frappée ; on a continuellement devant soi les physionomies de tant de malheureux, qu'on vient de quitter, mais qui, grâce à la charité chrétienne, trouvent dans cet établissement des soins dignes de toute éloge.

Il y avait autrefois aux environs de cette ville un chemin, que l'on appelait *via consularis* et qui conduisait de Capoue à Pouzzoles ; on en voit encore aujourd'hui quelques restes au-dessous d'Aversa.

A mesure qu'on s'approche de Naples, on remarque tout ce qui indique une ville grande et populeuse : de belles voitures de maître, des *Carricoli,* des chariots attelés de deux ou quatre bœufs et grand nombre de piétons, soulevant des nuages suffoquants de poussière. Bientôt le bourdonnement intérieur de la ville vient se joindre au bruit extérieur, et le silence des paisibles campagnes est ainsi remplacé par le tumulte ordinaire des cités opulentes et actives.

On arrive dans cette belle capitale par une route charmante, large, droite et bordée de grands arbres, qui font un ombrage agréable et qui sont liés par des guirlandes de vignes. De distance en distance on découvre des villages bien peuplés : les derniers sont *Melito* et *Capo di chino.* En descendant la hauteur qui domine la ville, nous la découvrîmes dans toute la splendeur du soleil couchant, comme une cité orientale, le rêve d'un poète arabe. Les tours et les tourelles qui ressemblent à des minarets, les coupoles couvertes de tuiles de plusieurs couleurs, les clochers brillants, une immense population, offrant des visages tels qu'on en rencontre dans l'Arabie heureuse, tout contribuait à compléter l'illusion.

Après les formalités ordinaires de la douane et la remise de nos passeports, nous entrâmes dans l'ancienne Parthénope.

NAPLES.

Illic vivere vellem,
Neptunum e terra procul spectare furentem
Horat.

L'origine de Naples se perd dans la nuit des temps ; elle est enveloppée des fables de l'antiquité. On s'accorde aujourd'hui à en attribuer la fondation à quelques Grecs fugitifs, qui vinrent établir des colonies en Sicile et sur les rives méridionales de l'Italie. Le nom grec de *Neapolis* et celui de *Paleopolis*, autre ville voisine, semble fortifier cette opinion. Elle conserva long-temps la religion, la langue, les mœurs, les usages des Grecs. Ce qu'il y a de certain, c'est que les habitants de Cumes, jaloux de sa prospérité croissante, la ruinèrent de fond en comble, et qu'avant de recevoir le nom de *Neapolis*, elle avait porté celui de *Parthenope* qui lui venait, selon Strabon, de la sibylle Parthé-nope et selon d'autres, de la fille d'un roi de Thessalie, qui y con-duisit une colonie. Plus tard elle fut reconstruite par les mêmes habitants de Cumes, et lorsque Annibal s'en approcha, elle

était indépendante et seulement alliée aux Romains. Sous la république et plus particulièrement encore sous les empereurs, elle
fut une des villes les plus favorisées par les maîtres du monde.
Son beau ciel, son doux climat, y attirèrent en foule les Romains
dont les plus riches abandonnaient à l'envi les rives du Tibre
pour les ombrages de Pausilippe. Naples monta, peu à peu, à un
si haut degré de splendeur, qu'au siècle où l'empire d'Occident
s'écroula, elle était une des villes les plus fortes et les plus opulentes de l'Italie. Depuis lors ses destinées ont subi d'étranges
variations et cette belle cité a été tourmentée par des guerres
et des révolutions, qui l'ont rendue plus malheureuse peut-être
que toute autre ville de l'Europe.

Après les Romains, ses maîtres lui arrivèrent du Nord ; mais
auparavant elle servit de retraite et de tombeau au fantôme de
monarque, qui avait usurpé le sceptre d'Auguste. Ce fut dans
un des châteaux de Naples, que fut relegué le jeune *Augustulus*,
après avoir été précipité de son trône par Odoacre, roi des
Hérules, en 476. Bélisaire, général de Justinien, la prit
d'assaut, en 556, la saccagea et fit passer les habitants au fil de
l'épée, sans distinction d'âge ni de sexe. Mais quatre ans s'étaient
à peine écoulés, que ce même général fut le premier à prendre
toutes les mesures nécessaires pour rétablir l'ordre public, parce
qu'il se trouvait dans la nécessité de soutenir un siège contre
Totila, son rival en cruauté, auquel il fut obligé de se rendre en
542. Totila, devenu maître de Naples, ne la détruisit pas, grâce
aux remontrances de saint Benoît. Les murs seuls furent renversés.

Bientôt après, elle passa sous la puissance des Lombards,
qui, établis au nord de l'Italie, atteignirent peu à peu les limites
méridionales de la Péninsule. Arigisse, leur roi, s'en déclara

souverain et ses successeurs, après l'avoir assiégée plusieurs fois, la rendirent tributaire en 850. Vers cette époque, en 836, un nouveau peuple envahisseur, les Sarrasins, se formait au midi ; ils saccagèrent les environs de Naples, mais n'y entrèrent pas ; ils s'emparèrent ensuite de la Sicile. C'est ainsi que la Campanie, le territoire et la ville de Naples furent les points où se heurtèrent les barbares du Nord et ceux du Midi. Ils n'étaient pas les seuls compétiteurs pour la belle proie que leur offrait l'Italie. Les empereurs d'Orient d'un côté et les empereurs d'Allemagne de l'autre, élevèrent, en même temps, des prétentions sur ce pays. Quatre puissances, indépendamment des déprédateurs de moindre rang qu'enfantait l'anarchie, promenèrent ainsi, dans le cours du sixième siècle, la désolation et la mort sur les belles rives de la baie de Naples, quand survinrent de nouveaux prétendants qui rétablirent peu à peu l'ordre et la paix, en s'emparant de l'objet en litige. Ces conquérants de Naples furent des chevaliers normands, héroïques aventuriers qui fondèrent les premiers le royaume des Deux-Siciles et lui donnèrent une race royale. Mais deux siècles après cette race avait déjà disparu, et des prétentions rivales se réveillèrent pour exciter encore des commotions violentes.

C'est à partir de la dynastie angevine que l'histoire de Naples devient plus intéressante, parce que les faits étant plus rapprochés de notre siècle, nous sont parvenus avec plus de détails. Conradin, petit-fils de Frédéric II, fils de Conrad IV et d'Elisabeth, fille d'Othon, duc de Bavière, n'avait que trois ans, lorsque son père en mourant laissa la régence du royaume de Naples à Mainfroi, prince odieux par toutes sortes de crimes, qui usurpa l'héritage de son pupille et gouverna en tyran. Ce fut alors que Charles d'Anjou obtint, en qualité de seigneur suze-

rain, l'investiture de ce royaume désolé. Après la mort de
Manfroi, tué dans une bataille, livrée contre Charles, Conradin
vint réclamer ses droits. Tous les cœurs étaient pour lui, et par
une destinée singulière, dit un historien, les Romains et les
Musulmans se déclarèrent, en même temps, en sa faveur. Ces
secours furent inutiles. Conradin, fait prisonnier, après avoir
perdu une bataille, eut la tête tranchée par la main du bourreau,
au milieu de la place de Naples, en 1282. Le dernier cri qu'il
fit entendre, fut celui de la tendresse filiale : « O ma mère !
quelle douleur te causera la nouvelle de ma mort ! » Triste
victime de la cruelle vengeance de Charles d'Anjou, son heureux
rival, qui souilla par ce supplice tout l'éclat de sa victoire.
Ainsi mourut, à l'âge de dix-sept ans, le dernier et infortuné
rejeton de cette illustre maison de Souabe, qui avait produit
tant de rois et d'empereurs ! Ce meurtre remplit d'indignation
et de douleur la population et l'armée française elle-même.
Robert de Béthune, comte de Flandre, tua, dans un accès de
colère, le bourreau qui avait exécuté la sentence. L'impératrice
Elisabeth, mère du malheureux Conradin, accourut du fond
de l'Allemagne pour racheter sa vie. Arrivée trop tard, elle
consacra le prix de l'inutile rançon à fonder le monastère *del
carmine*, dans lequel une statue la représente tenant une bourse
à la main. La pitié du peuple a élevé de son côté une croix sur
le marché vieux, au lieu même du supplice du jeune prince.

Ce fut vers ce temps que la tyrannie et les odieuses exactions
de Guy de Montfort, à qui Charles d'Anjou avait donné la
Sicile avec le titre de vice-roi, provoquèrent, en 1282, le jour
de Pâques, les trop célèbres *Vêpres siciliennes*. Au son de la
cloche, tous les Français, au nombre de huit mille, furent mas-
sacrés dans l'île, les uns dans les églises, les autres aux portes,

ou sur les places publiques, ou dans leurs maisons. Charles
d'Anjou, qui avait enlevé, à l'amour d'une mère, un fils brave
et généreux, qu'avaient épargné les champs de bataille, fut à
son tour frappé dans la personne de son fils et mourut de douleur en apprenant sa défaite et sa captivité.

Bientôt la Sicile fut séparée du royaume de Naples. Charles I
et Charles II, son successeur, consumèrent leur règne en guerres
acharnées dans le but de réunir par la conquête ce qui avait été
séparé par elle. Enfin Robert monta sur le trône, en 1309,
et ouvrit une époque de gloire. Ce prince savant fut pour le
royaume de Naples, ce que furent les Médicis pour la Toscane,
Louis XIV pour la France et Auguste pour Rome. Robert
mourut sans héritier mâle ; car le duc de Calabre, son fils, après
avoir traîné une existence languissante, s'éteignit dans la fleur
de l'âge. La mort de Robert, arrivée en 1343, laissa le royaume
dans une situation incertaine. L'ainée des filles du duc de
Calabre, *Jeanne,* fut fiancée à *André,* fils du roi de Hongrie, et
l'épouse du prince défunt fut nommée régente. Ce règne fut un
des plus sanglants de l'histoire de ce temps. On connait l'ambition
démesurée de la reine *Jeanne,* qui avait fait planer sur sa tête le
soupçon d'avoir assassiné son mari. Le roi de Hongrie, voulant
venger la mort d'*André,* descendit en Italie avec une armée
formidable ; *Jeanne* dépourvue de troupes, d'argent et de généraux, quitta sa capitale, se retira en Provence, dont elle était
comtesse et épousa le duc de Tarente. Lorsque le roi de Hongrie
eut quitté Naples, *Jeanne* y revint avec son époux et après
plusieurs années de combats, elle signa, en 1351, une trêve à la
suite de laquelle le duc de Tarente fut couronné roi de Naples.
A la mort de celui-ci, elle donna sa main à Jacques d'Aragon,
prétendant au trône de Majorque. Alors le royaume tomba sous

la domination espagnole. Ce fut vers ce temps qu'éclata cette
fameuse insurrection dont le pêcheur d'Amalfi, Mazzaniello,
fut le chef. Dans l'espace de quinze jours, Mazzaniello fut
pêcheur, rebelle, général en chef, duc, roi, fou et tué. Le duc
de Guise ne tarda pas à monter sur le trône ; mais la trahison
l'en précipita au bout de sept mois. Philippe IV, mourut peu
de temps après et laissa à son fils, Charles III, sa couronne
chancelante. Celui-ci mourut sans héritiers et donna naissance
à cette longue guerre si connue pour la succession d'Espagne.
Philippe V et Charles III étant aussi descendus dans la tombe,
Ferdinand, fils de ce dernier, leur succéda. Ce règne fut signalé
par de grands désastres financiers. Ces malheurs s'aggravèrent
encore par la fuite de la cour en Sicile. En 1799, les Français se
rendirent maitres de Naples, qu'ils durent abandonner quelque
temps après. Caroline et Ferdinand ayant été rétablis sur leur
trône, eurent quelques démêlés avec Napoléon, qui envoya des
troupes pour s'emparer de cette ville. Joseph Bonaparte prit
les rênes du gouvernement; mais ayant été nommée au trône
d'Espagne, Joachim Murat fut désigné comme son successeur.
Cette nouvelle race royale, relevant de la France, ceignit un
moment la couronne napolitaine, mais elle ne la conserva pas
longtemps. La famille royale, d'origine Espagnole, rentra dans
ses domaines. Ferdinand IV remonta, en 1815, sur le trône, prit
le nom de Ferdinand I et s'occupa activement du bonheur de
ses sujets. Il mourut à Naples, le 4 janvier 1825. Il eut pour
successeur le duc de Calabre, son fils ainé, qui prit le nom de
François. Ce règne, qui dura cinq ans, ne fut, quant aux principes de gouvernement, que la continuation du précédent. En
1828, un mouvement insurrectionnel éclata dans la province de
Salerne, mais il fut immédiatement réprimé avec la plus grande

énergie. Ce fut le seul orage qui vint troubler le repos dont
jouissait alors la monarchie. Ferdinand II, lui succéda. Il
gouverne aujourd'hui ce beau pays avec autant de talent que de
gloire. Ce prince d'une activité remarquable, a fait de grands et
utiles changements dans l'administration de son royaume ; il a
ouvert différentes ressources à l'agriculture et au commerce,
en procurant de nombreux débouchés ; il s'est attaché surtout au développement de l'industrie qui fait, depuis quelques
années, des progrès sensibles dans ses états. La reine, fille de
l'archiduc Charles, est gracieuse et bienveillante ; elle a remplacé sur le trône, la princesse de Sardaigne, Marie Christine,
morte bien jeune et vivement regrettée, après avoir donné le
jour à un fils, aujourd'hui prince héréditaire des Deux-Siciles.

Tels sont les souvenirs qui se rattachent au nom de Naples et
qui enrichissent ses annales d'une multitude de faits qui inté-
ressent vivement. Les Grecs, les Romains, les barbares du Nord,
les Sarrasins, les Normands, les Français, les Allemands, les
Espagnols, l'ont tour à tour foulée en maitres ; néanmoins ils
ont tous passé sans laisser, pour ainsi dire, d'empreinte sur le
sol. Si quelques traits isolés rappellent la main des Romains
et celles des conquérants du Nord, ces détails exceptionnels
disparaissent dans l'ensemble.

Après avoir jeté un regard sur son histoire, il nous tarde de
commencer la revue des monuments qui embellissent cette
brillante cité. Cette ville, la capitale des Deux-Siciles et du
royaume de son nom, est, après Londres et Paris, la plus
grande et la plus populeuse de l'Europe. Sa circonférence est
de vingt milles et le nombre de ses habitants, s'élève à près de
360,000. Figurez-vous la terre la plus féconde, la mer la plus
sereine, le ciel le plus pur qu'il soit donné à l'homme de con-

templer; c'est la terre, la mer, le ciel de Naples. Sous ce ciel étincelant de lumière, aux bords de ces eaux d'un bleu d'azur, sur cette plage si féconde, au fond d'un admirable golfe, dont une ligne d'une éclatante blancheur dessine pittoresquement les gracieux contours, Naples s'élève superbe, majestueuse. Un mélange, à la fois noble et gracieux de forêts, de collines, d'habitations, de forts, d'églises et de ruines décorent l'amphithéâtre que présente la ville aux yeux éblouis du voyageur. Des pentes tantôt douces, tantôt escarpés, chargées de la végétation la plus riche et la plus riante, s'élèvent graduellement au-dessus des premiers plans d'édifices de la cité. Après cela, est-il étonnant que, pour mieux jouir des beautés de ces sites enchantés, les habitants de ces heureuses contrées se soient rapprochés, de toutes parts, des bords du golfe? Au milieu de cette délicieuse harmonie de la terre, de la mer et du ciel, apparaît le pic sombre et sévère du Vésuve, comme pour faire contraste ; c'est ainsi que le Créateur s'est souvent plu à placer le terrible à côté du beau idéal. A la vue de ce magnifique tableau, le voyageur demeure ébloui et son cœur s'élève, sans même qu'il s'en aperçoive, vers les cieux, pour bénir l'auteur suprême de tant de merveilles.

Mais ce n'est là qu'un brillant panorama dont il faut voir les détails ravissants pour mieux se rendre compte des sensations qu'on éprouve. Il faut entrer dans Naples pour se faire une idée de la magnificence de cette reine des villes, il faut admirer chaque diamant de sa couronne, chaque paillette de son riche manteau. Et d'abord ce qui frappe surtout les yeux, c'est la régularité de ses rues, pavées d'énormes dalles de lave du Vésuve, c'est le mouvement et le bruit qui les animent et que l'on ne trouve nulle part à un tel dégré. Ce n'est pas cependant que la foule y circule en plus grand nombre que dans les autres villes populeuses, mais les ouvriers, de quelque métier qu'ils soient, ont pris l'habitude de travailler en dehors des maisons et de faire la conversation d'un bout à l'autre de la rue ; quelque étroite qu'elle soit, l'établi du menusier, la table du tailleur, l'enclume du forgeron y trouvent leur place ; les femmes et les enfants se groupent autour d'eux, mêlant leurs voix criardes à celles de leurs maris et de leurs pères. Des boutiques carrées, portées sur des roues pour faire croire qu'elles sont ambulantes, mais qui ne changent jamais de station, exposent toutes sortes de friandises et de préférence celles qui irritent le plus le palais, des citrons, des oranges et de l'eau glacée. L'encombrement occasionné par ces échoppes est encore augmenté par celui que produisent les acheteurs.

En parcourant les rues et les places de la grande cité, on rencontre partout les images tant aimées de la *Madone* ou des saints, protecteurs de la contrée et dont les bienfaits innombrables ravissent tous les cœurs.

La rue de Tolède est unique au monde par le bruit incroyable de la foule qui s'y presse, par le roulement des voitures et des chars de toutes sortes qui la sillonnent tout le long du jour, par les cris des marchands et par cette vocifération continuelle d'un peuple qu'Alfieri appelle le plus criard de l'univers : « *Napoletani maestri in schiamazzare.* » Mais dans ce bruyant bazar qui occupe toute la cité, dans cette rue si animée où les yeux éblouis ne rencontrent que de beaux édifices aux larges balcons, aux terrasses charmantes, que de souvenirs sont rassemblés ! A l'une des extrémités de la *Strada di Toledo*, on admire un vaste palais rougeâtre ; c'est le *musée Bourbon*, qui tient le premier rang parmi les collections des chefs-d'œuvre

antiques. Là, sont accumulées les richesses de tout genre
trouvées à Herculanum et à Pompeia, précieux souvenirs du
premier âge de Naples, de la riante Parthénope, où, dans un
doux loisir, Virgile étudiait et peignait la nature. Près de cette
même rue, on voit la place du marché, *Largo del mercatello*, qui
fut le théâtre du soulèvement de Mazzaniello et qui rappelle aussi
les nombreuses révolutions populaires contre les diverses dominations étrangères, qui pesèrent si souvent sur cette cité. A
l'autre extrémité de la rue, on aperçoit un palais magnifique,
demeure royale du souverain actuel des Deux-Siciles. En face
de ce palais se présente une colonnade dont le centre est
occupé par le portique de l'église de saint François de Paule,
construite sur le plan et dans les proportions du Panthéon de
Rome. Deux statues équestres, représentant Ferdinand I et
Charles III, complètent, avec une belle fontaine, la décoration
de cette place.

Ce *largo di Palazzo* est célèbre dans les fastes de Naples ;
au moment où Charles VIII s'emparait de Capoue, le jeune
Ferdinand, élevé sur le trône par l'abdication d'Alphonse
d'Aragon son père, se détermina à s'éloigner pour éviter une
inutile effusion de sang. Il réunit devant le palais les grands
et le peuple, et là, déposant la couronne entre les mains des
principaux citoyens, il s'écria d'une voix émue mais ferme :
« Je me sens assez de courage pour terminer ma vie par une
mort digne d'un roi ; mais comme je ne pourrais acquérir cette
gloire sans exposer mes sujets, je dépose un sceptre que je n'avais
accepté que pour faire des heureux. Traitez avec la France ; afin
que vous le puissiez faire sans honte, je vous rends vos serments
de fidélité. Si l'orgueil des tyrans vous fait trouver le joug insup-
portable, je ne serai pas loin ; si, au contraire, vous vivez heu-

reux sous vos nouveaux maitres, ne craignez pas que je trouble
jamais votre repos, je supporterai mes malheurs sans amertume,
en songeant que depuis que je respire, je n'ai jamais blessé
personne volontairement. » Admirables adieux que l'histoire
doit recueillir comme un monument de patriotisme royal. Le
succès ne tarda pas à récompenser cette noble conduite. Ferdinand se retira d'abord à Ischia, puis en Sicile où il observa la
marche des événements; ils le ramenèrent à Reggio après le
départ de Charles VIII; il fut reçu en libérateur, le peuple
s'était assez mal trouvé du nouveau gouvernement pour revenir
avec joie à son ancien prince. Tout pouvoir nouveau est tenu de
mieux faire que celui qu'il a renversé; s'il rend les peuples
moins heureux, moins puissants, il viole sa condition d'existence et sa chute est inévitable; il la retardera peut-être par la
ruse ou par la force, mais l'habileté s'use, la tyrannie fait son
temps; la raison, la justice et l'intérêt du peuple, unique fondement des institutions humaines, finissent par prévaloir; c'est
ce qui explique la restauration du jeune Ferdinand d'Aragon (*).

Après avoir parcouru la rue de Tolède, il faut se transporter
aux marchés pour se faire une idée du petit commerce de
Naples. A certaines époques et surtout à l'approche de Noël,
les *Zampognari* y arrivent en grand nombre. Ce sont des
ménestrels qui quittent leurs montagnes et viennent mêler les
sons de leurs instruments aigus aux cris et à l'agitation de la
foule. Les *Zampognari* sont tous, enfants d'Apollon; leur
musique n'est pas sans mérite; elle a un caractère de douce
mélancolie qui impressionne vivement et qui parfois devient d'une
extrême gaieté. Tout l'argent qu'ils ramassent est soigneuse-

(*) Souvenirs de voyage par le comte de Locmaria, chap. VIII.

ment mis de côté pour les besoins de leurs familles. Leur
répertoire se borne à trois airs et comme pendant un certain
temps ils jouent tous la même note, il en résulte souvent une
certaine monotonie pour les oreilles des *dilettanti*. On est
frappé de l'aspect extraordinairement pittoresque de leurs
vêtements, de leurs vieux chapeaux pointus, de leurs visages
bistrés et de l'innombrable quantité de cornemuses, dont ils
sont pourvus ; admirables sujets sur lesquels les peintres
composent ces délicieuses peintures de costumes nationaux.
Là, on voit encore de nos jours, mais en plus petit nombre qu'autrefois, des écrivains qui s'installent en plein air et dont tout
le mobilier se compose d'une table à tiroir et d'une chaise ;
ils y joignent d'ordinaire une enseigne en forme de drapeau
qu'on voit flotter au-dessus de leur tête ; l'annonce de leur
profession est souvent accompagnée de calembourgs engageants
et de la fallacieuse promesse d'un crédit toujours remis au
lendemain. Aux heures de loisir ils composent des couplets de
fête, de mariage et des devises. Ils sont l'oracle du quartier et ce
sont eux qui lisent les journaux à haute voix. Ces industriels
connaissent les secrets les plus intimes des familles, dont ils
tiennent la correspondance. Le moindre bénéfice suffit au pain
de la journée ; tranquilles sur ce point, il leur reste encore un
beau ciel, le spectacle animé des joies et des querelles de la
foule, l'ivresse du tabac, d'un vin exquis et enfin le *farniente*,
si doux par les belles soirées.

Dans plusieurs quartiers de la ville on trouve des marchands
de *maccheroni ;* quelques-uns ont des espèces de boutiques ou
de cuisines, mais le plus grand nombre d'entre eux ont des
fourneaux ambulants et débitent en plein air. Leurs pratiques
affamées ne se servent, le plus souvent, ni de cuillères, ni de

couteaux, ni de fourchettes ; on ne met pas tant de luxe à ce
régal : le *maccheroni* est élevé aussi haut, que l'on peut, au-
dessus de la tête, ensuite il file délicieusement et avec adresse
dans les bouches avides, sans que ses tubes se rompent. Autrefois les marchands s'installaient sans façon aux portes des
palais et le long de la *Strada di Toledo*, ou dans les autres rues
principales de Naples ; on est parvenu à les en écarter peu-à-
peu, mais il leur reste les carrefours, les allées, les avenues
extérieures de la ville, et, ce qu'ils estiment avant tout, la
faveur du peuple.

En général le caractère des Napolitains est bon, compatissant ; ils ont une imagination forte et ardente, très-susceptible
d'être cultivée ; leur langage est figuré et quelquefois éloquent.
Les diverses dominations étrangères qui ont passé successivement sur ce pays, ont produit une facilité d'imitation étonnante.
On trouve jusque dans les mœurs actuelles beaucoup de traces
des mœurs espagnoles, telles que l'exagération, la jactance, le
goût des cérémonies, et comme il arrive souvent, cette imitation
se porte sur ce qu'il y a de pis dans les modèles.

Pour se faire une idée du caractère napolitain, il suffit
d'assister au tirage de la loterie. C'est à la *Vicaria*, dans la
grande salle, qu'on tire les numéros, tous les quinze jours, à six
heures du soir. Dès deux heures de relevée, toutes les avenues,
la salle et les galeries du palais de justice, sont encombrées par
une population couverte de haillons, qui s'agite et gesticule avec
une activité incroyable. La rue de la *Vicaria* elle-même est
obstruée par une foule de curieux. Au moment précis, la roue
tourne et le plus grand silence succède au tumulte. Le premier
numéro sorti, la salle retentit de mille cris ; on jette le billet
par la fenêtre à un employé qui proclame le numéro et on entend

des hurlements vraiment épouvantables, qui se prolongent dans toute la rue. Bientôt le silence le plus profond se rétablit, jusqu'à la sortie du deuxième numéro, qui est suivi du même tintamarre que le premier et ainsi des trois autres. Mais ce qui passe toute croyance, ce dont on ne peut se faire une idée, sans l'avoir vu, ce sont les sauts, les gambades, les contorsions de ceux que le sort à favorisés ; tandis que ceux qui ont perdu se livrent au désespoir. On ne saurait rien voir de plus extraordinaire que ce spectacle qui a quelque chose d'effrayant ; mais toute cette populace si agitée se calme en peu de temps et chacun retourne à ses occupations.

Voulez-vous mieux encore étudier le caractère singulier des habitants de Naples, vous irez voir ses crèches à la fête de Noël. Cette dévotion, toute propre à cette contrée, consiste à représenter au naturel dans un paysage la naissance du divin Rédempteur. Presque chaque maison a sa crèche plus ou moins grande suivant les moyens pécuniaires des habitants ; parfois même elle occupe plusieurs appartements. Il y en a une foule qui dans leur genre sont de véritables chefs-d'œuvre et qui méritent l'attention de tout homme de goût : architecture, demeures rustiques, vêtements à l'antique, à la moderne, fleuves, ponts, montagnes, perspectives, mœurs nationales, tout y est représenté avec un art infini et forme l'illusion la plus agréable. Quelques unes de ces crèches sont mouvantes et s'appellent *presepi che si friccicano*. Vous y voyez la Vierge sur une terrasse berçant son divin Enfant sur ses genoux ; une procession de la confrérie de la miséricorde, suivie, comme cela se pratique dans cette ville, d'une foule de pauvres ; elle porte un cercueil et va ensevelir un mort ; plus loin on aperçoit des soldats qui font les manœuvres militaires. Les particuliers tiennent leurs crèches visibles depuis Noël jusqu'à la Chandeleur. Celles des églises sont ordinairement moins belles, mais plus graves.

Il règne parmi le peuple une dévotion séculaire ; c'est celle de faire une neuvaine, durant les jours qui précèdent la Noël, devant les crèches ou devant les *Madones* dans les rues. Ces neuvaines consistent à chanter des cantiques qu'on accompagne des sons du haut-bois et d'autres instruments. Les provinces envoient dans ces jours des bergers avec leurs cornemuses, des joueurs de harpe et de violon pour remplir ces belles fonctions.

A Naples dès quatre heures du matin, tout sommeil devient impossible. Les grelots des ânes et des mulets, les clochettes des vaches et des chèvres qu'on trait devant les maisons pour donner du lait chaud aux ménagères, se font entendre dans tous les quartiers de la ville. Les cris des pâtres et des marchands d'oranges retentissent alors de toutes parts. Du reste, le ciel de Naples est si admirablement beau, qu'on pardonne volontiers aux tapageurs qui vous procurent le plaisir de le contempler au lever de l'aurore.

Les vendeurs de *maccheroni*, de pain, de poisson, de marrons, d'eau glacée, de pastèques, annoncent leurs marchandises par des éclats de voix sans aucune signification, et jetés par des gosiers organisés de manière à donner à la voix humaine toute la puissance dont elle est susceptible. Le moindre événement provoque des cris. C'est par des cris que la joie se manifeste. Quand un *lazzarone* cause, il crie. Quand il veut chasser l'ennui, il se met à pousser des cris qui attirent la foule et sont répétés par elle. Rien n'est plus gai, ni plus sobre que les Napolitains. Leur vivacité les porte à parler à haute voix, à gesticuler beaucoup ; mais rarement on voit entre eux des querelles sérieuses. Fort rarement ils se battent, et jamais on ne les voit, comme en d'autres pays, chanceler d'ivresse et insulter les passants ; cependant le vin y est capiteux, abondant et à très bon marché. Le climat autant que la civilisation les porte à cette sobriété et à cette mollesse de caractère. Ici le soleil égaie l'esprit, adoucit l'humeur, et prépare l'âme aux sensations vives et à l'enthousiasme.

Quelquefois cependant cette population active et bruyante devient nonchalante et morne : c'est lorsque le *sirocco* souffle sur Naples. On ne saurait prolonger son séjour dans cette ville sans éprouver l'action annihilante de ce vent que l'Afrique y envoie et qui, à en juger par les effets qu'il produit, ne doit avoir rien perdu de sa malignité dans le trajet. Dès qu'il se fait sentir, chacun se sent frappé d'un accablement qui ôte aux facultés morales et physiques toute leur énergie, ou bien on éprouve une sorte de vertige dangereux. On n'a ni force ni volonté. On ne se meut qu'avec répugnance. La pensée même est une fatigue, ou l'on est entraîné à une exaltation qui va quelquefois jusqu'à l'aliénation. Cet état dure autant que le dérangement atmosphérique qui la produit ; et souvent, lorsque sa crise est passée, il laisse, pendant plusieurs jours encore, une faiblesse pénible.

Naples, Vendredi 17 avril.

Veder Napoli e poi morire.
Dicton populaire.

Pour bien jouir du magnifique panorama que présente l'aspect de cette ville superbe, il faut monter au château *Saint Erme.* Du haut de cette citadelle, dont les fondements sont creusés dans le roc vif, on domine la ville entière et tous ses environs. Devant soi on voit se dérouler Naples où le soleil luit tous les jours, où jamais l'hiver n'amène ses frimas et qui ne voit d'autre neige tomber sur ses gazons que celles des fleurs odorantes du jasmin et de l'oranger, semées par les brises caressantes du midi. Ses dômes, ses palais, ses monuments, sa rue de Tolède, sillonnée par une foule d'équipages et de piétons, sa promenade, son quai de *Chiaja,* sa *Villa reale,* étalant ses grâces incomparables sur le bord de la mer, son *largo di Castello,* la plus vaste place de Naples, avec sa fontaine *Médina.* forment un tableau dont la magnificence est rehaussée par la

verte campagne qui lui sert de bordure et qui s'élève en pente
douce, jusqu'au pied du Vésuve. A l'extrémité se dresse, sur
une pointe de rocher, la masse imposante du château d'*Œuf*,
dont Frédéric II fit une forteresse. Ce petit fort s'avance dans la
mer à plus de sept cents toises et communique avec le rivage
par une chaussée étroite : comme nous l'avons déjà dit, il fut le
tombeau du dernier empereur romain. Odoacre, après avoir
fait périr à Pavie, Oreste, père d'Augustule, relégua ce jeune
prince dans la *Campanie* et dans ce château, alors détaché du
continent. C'est l'époque du gouvernement des barbares qui
fut une transition entre les deux empires d'Occident, dont l'un
finit à Augustule et dont l'autre commence à Charlemagne.

En contemplant la magique Naples, on prend en pitié cette
cité étourdie, qui joue avec insouciance au bord de l'abîme ; on
s'émeut pour elle en la voyant ainsi, rieuse et confiante, jetée
comme l'arche d'un pont entre le Vésuve et le Solfatara, prêts à
l'engloutir à toute heure.

Après la vue imposante de Naples qui occupe le premier
plan de ce tableau, les regards s'arrêtent sur les collines toutes
rouges d'orangers, toutes dorées de cédrats. Cet amphithéâtre
s'abaisse autour du Vésuve, comme pour lui servir de ceinture,
se courbe ensuite en deux arcs, pour aller former de lointains
horizons, plus veloutés que les grappes de raisin qui croissent
sur la côte. De toutes parts on voit une admirable succession
de beautés, de surprises et d'enchantements. C'est une chaîne
non interrompue de villes, de villas, de palais, d'églises, de
forts et de montagnes. Et quels poétiques souvenirs ! C'est
Pouzzoles avec son pont fantastique de Caligula, d'où partait la
voie campanienne, avec son labyrinthe, son colysée, sa fabu-
leuse grotte de la Sibylle, sa villa de Cicéron et son ancien

temple d'Auguste. C'est le lac d'*Agnano*, avec le phénomène de
de son eau bouillante, avec sa grotte du chien, ses étuves
chaudes de *San Germano* et sa *Solfatara*, véritable plaine de
soufre, toujours en combustion et qui recouvre un volcan
prêt à se rallumer. C'est Baia qu'Horace appelait le plus
délicieux rivage de l'univers et où se trama contre Néron la
conjuration qui perdit Lucain. C'est Pausilippe aux collines
fleuries, à la grotte si sombre, si méditative, que Sénèque a
décrite avec tant de charme. La vue, s'étendant encore plus loin,
aperçoit à l'horizon des eaux, Portici et Castellamare. Là,
s'élèvent de hautes et noires forêts de lauriers et de châtaigniers
sauvages, qui se réflètent dans la mer et teignent en vert sombre les flots toujours murmurants de sa rade ; puis vient Sorrento avec les délices de sa positon exceptionelle, et la maison
blanche du Tasse, suspendue comme un nid de cygne sur la
mer, au sommet d'une falaise de rocher jaune, coupée à pic par
les flots. A l'ouest Capri se découpe au milieu d'un fond d'azur
et arrête la vue, avant qu'elle se perde dans un horizon sans
limites. A droite de cette île pittoresque, les regards se reposent
sur le cap Misène, d'où Pline l'ancien, commandant la flotte
romaine s'embarqua pour sa fatale exploration du Vésuve.

Toute cette scène est animée par le mouvement des barques
de pêcheurs, à travers lesquelles, circulent quelques navires de
plus grande dimension. Rarement dans le golfe, la mer est
agitée ; rarement aussi le ciel s'y montre brumeux. On ne pourrait désirer pour la perfection de ce tableau, qu'une lumière
moins uniforme. Ce n'est que le soir qu'on peut en jouir ; alors
le soleil en s'inclinant sur les ondes, les colore de ses derniers
rayons.

Pendant qu'une variété infinie de beautés se déroule, on

entend de loin le bruit de cette immense population, qui,
depuis cinq heures du matin jusqu'à minuit, est dans un mouvement incessant. Les doux sons d'une mandoline et ceux
plus gais encore d'un tambourin, marquant la mesure d'une *ta-
rentelle*, viennent en mourant frapper les oreilles. Merveilles,
joies, beautés, voilà Naples tout entière !

Le château *Saint-Erme*, placé au couchant de la montagne,
d'où nous contemplions cet admirable panorama, tire son nom
d'une église dédiée à ce saint; cette église n'existe plus. Dans
le principe, cette forteresse n'était qu'une simple tour, que
l'on croit avoir été bâtie par les Normands et qui s'appelait
Belforte. Le roi Charles II la fit agrandir et l'empereur Charles
Quint la mit dans l'état où elle se voit aujourd'hui; ce qui
est indiqué dans une inscription gravée sur une table de marbre
au-dessus de la porte :

IMPERATORIS CAROLI V. AUG. CÆSARIS JUSSU
AC PETRI TOLETI VILLÆ FRANCIÆ MARCHIONIS
JUSTISS. PROREGIS AUSPICIIS,
PYRRHUS ALOYSIUS SERINA VALENTINUS,
D. JOANNIS EQUES, CÆSARÆUSQUE MILITUM PRÆFECTUS,
PRO SUO BELLICIS IN REBUS EXPERIMENTO
F. CURAVIT MDXXXVIII.

Cette citadelle présente un hexagone d'environ cent toises de
diamètre, ayant des murailles fort élevées, une contre-escarpe,
des fossés, des mines et divers souterrains taillés dans le roc.
L'immense citerne, placée sous ce château, est aussi vaste que le
château lui-même. Une garnison nombreuse et une artillerie
considérable défendent la ville.

A ses pieds est la magnifique chartreuse de saint Martin,
construite en 1325, par le roi Robert et la reine Jeanne I. Ce
beau couvent rivalise avec la chartreuse de Pavie et l'emporte
sur elle par la richesse de ses marbres et par l'admirable beauté
de sa situation. La nature et l'art y étalent à l'envi leurs
merveilles.

Cette pieuse retraite nous rappelle une anecdote assez intéressante sur un des plus grands génies qui aient honoré la
peinture. Salvator Rosa, encore enfant, passait souvent près
du cloître en allant à l'école et s'amusait, au grand déplaisir
des religieux, à charbonner leurs murs de ses juveniles inspirations : plusieurs fois ces essais lui valurent des corrections
sévères, car ses parents le détournaient obstinément de sa vocation pour la peinture ; mais elle se fit jour malgré les obstacles. Le jeune barbouilleur des murailles de la chartreuse devint
l'auteur de plusieurs magnifiques tableaux qui décorent ce
monastère.

On peut dire que si l'Italie est le temple des arts, l'église des
Chartreux en est le sanctuaire. Ces pieux cénobites ont consacré
tous leurs revenus à l'embellir avec une telle magnificence, qu'il
est presqu'impossible d'en donner des détails complets. Il n'y a
qu'une corporation religieuse toujours vivante, qu'une succession d'hommes toujours animés du même esprit, continuant
l'œuvre de leurs prédécesseurs, qui puissent accumuler tant de
richesses et employer si bien tant de précieux matériaux.

Les marbres les plus rares, découpés avec un goût parfait, y
forment un brillant pavé. Les peintres les mieux inspirés ont
enrichi les voûtes et les chapelles de chefs-d'œuvre de leur
pinceau. *La communion des apôtres* par Espagnoletto, offre un
saint Pierre en raccourci d'un effet extraordinaire ; les têtes de

Moïse et d'Élie, et les douze apôtres, au-dessus des lunettes des chapelles, peints par ce grand maître, sont admirables. Les espaces trop resserrés qu'ils occupent, ont mis l'artiste dans la nécessité de les représenter tous à demi couchés ; mais son génie a su tirer de cette nécessité même, une variété d'attitudes, parfaitement en harmonie avec le caractère de chaque personnage. *L'Ascension* et les *douze apôtres* de Lanfranco, sont remarquables par l'expression et la variété. On n'admire pas moins le saint Bruno donnant ses instructions, et les fresques de la chapelle, dédiée à ce saint, faites par Stanzioni. Le maître autel, isolé entre la nef et le chœur, offre une superbe *Nativité* que l'artiste, le célèbre Guido Reni n'a pu achever, la mort l'ayant surpris, au milieu de son travail. Il fait cependant l'admiration de tous les connaisseurs : l'enfant Jésus, de qui part toute la lumière qui éclaire le reste du tableau, est du plus beau caractère de dessin, plein d'esprit et de grâce, d'un pinceau aussi gracieux que celui de Corrège même ; la Vierge est admirable. Le banc de communion en marbre blanc, est orné de lapislazzuli, d'agathe, de porphyre, d'améthistes et d'autres pierres précieuses. Les deux bénitiers en incrustation de marbre, ainsi que les tombes des autels latéraux, travaillées en mosaïque de Florence, surpassent tout ce qu'on peut voir en ce genre. Aux piliers d'une des chapelles on admire deux pierres de touche, taillées en forme d'artichaud, d'un travail exquis et d'un prix inestimable.

Les peintures des voûtes de la riche sacristie, sont dues au chevalier d'Arpino et à Stanzioni. *La descente de croix*, qui y brille, est un chef-d'œuvre d'Espagnoletto. Ce tableau est si frappant, qu'il est impossible de ne pas être profondément attendri, en contemplant la douleur de la Vierge auprès du

Christ mort. Le pinceau de cet artiste distingué est sévère, sombre et toujours vigoureux : on voit qu'il a pris à tâche, comme Carravage, d'effrayer et d'étonner l'œil par des contrastes, plutôt que de l'émouvoir ou de le flatter par des gradations et des nuances ; il se plait à prodiguer la lumière et l'ombre. L'empereur de Russie, lors de son voyage à Naples, au mois de décembre passé, offrit pour ce chef-d'œuvre 40,000 piastres ; mais tout ce qu'il put obtenir, ce fut d'en faire prendre une copie. C'est un trait qui honore beaucoup les pieux cénobites, puisque malgré le peu d'aisance dans laquelle il se voient placés par suite des guerres de la République française, ils préfèrent ne pas améliorer leur existence, plutôt que de se dessaisir du moindre des chefs-d'œuvre, qui font de leur cloitre un vrai musée. Cette même sacristie renferme une *Judith* à fresque de Luca Giordano, son dernier ouvrage, commencé et achevé en quarante huit heures. Si près de la fin de sa carrière et âgé de soixante-treize ans, cet homme étonnant n'avait rien perdu de sa prodigieuse rapidité d'exécution.

De l'église, un des religeux nous conduisit dans le couvent, dont les superbes ambulacres, ouverts sur le golfe de Naples, sont supportés par des colonnes de marbre blanc du plus beau grain. L'ensemble se distingue par l'élégance de son architecture.

Dans ces pieuses retraites, asile du vrai bonheur, on voit encore règner l'amitie la plus pure, la plus sincère, aujourd'hui si rare parmi les enfants du siècle ; dans ces familles du cloitre, les deux noms de *père*, de *frère*, redits par tous les membres, ont remplacé toute autre appellation, impuissante à exprimer l'intimité du lien qui les unit ! Notre siècle, tombé dans le plus froid égoïsme, ne comprend plus les douceurs ineffables

de cette vertu que le ciel nous a léguée pour supporter avec
courage le fardeau des misères qui oppressent, en tout lieu,
notre pauvre humanité. A la vue de ces cénobites, l'homme,
ouvrant son âme à de salutaires émotions, apprend à juger
le monde tel qu'il est ; et bien souvent de vaines pensées ,
de mensongères illusions, de faux rêves d'ambition, d'amour
ou de gloire, s'évanouissent devant le soleil de justice et de
vérité, qui reluit au sommet de cette montagne. Eh ! qui
pourrait pénétrer dans ces lieux, parcourir ces longs cloîtres,
sans être vivement ému ! Ce demi-jour, si propre à la ré-
flexion et à une pieuse tristesse, ces voûtes qui fuient en
s'abaissant dans un vague lointain, les pas lents des solitaires,
le balancement cadencé de l'horloge, dont chaque oscillation
emporte une portion de notre vie dans l'éternité ; tout est plein
d'une pensive harmonie : plus de place ici dans le cœur pour
les bruits du monde, pour l'agitation tumultueuse de ses
passions, pour ses regrets, ses craintes, son scepticisme déso-
lant. Oh ! c'est ici qu'il faut venir pour rêver avec fruit, pour
apprécier la valeur réelle des vains soins qui consument la plupart de nos heures fugitives !

Combien est poétique et touchante l'origine de l'ordre des
Chartreux ! Hugues, le saint évêque de Grenoble, a une vision
singulière. Transporté en esprit, durant la nuit, il voit le
Seigneur se construire un temple magnifique dans les clairières
de sombres forêts , surmontées de rochers menaçants, au sein
d'un désert pierreux, sillonné par des avalanches. En même
temps il voit sept étoiles brillantes, s'arrêter sur le faîte de
l'édifice, et se revêtir d'une pure et mystérieuse lumière. Or,
le lendemain, Bruno et les six pèlerins qui l'accompagnent,
guidés par les conseils de Robert, abbé de Molesme, viennent

se jeter aux pieds de saint Hugues. « La renommée de votre sagesse, lui disent-ils, et la bonne odeur de vos vertus nous ont attirés vers vous. Nous venons, à l'exemple des Hilarions, des Antoines et des autres anachorètes, chercher un désert pour y vivre en paix, loin des fausses joies et des orages du monde. Je reconnais en vous, ajoute le chanoine de Reims, la figure d'un ange qui m'a apparu, dans le cours de mon voyage et à qui Dieu m'a ordonné de confier la conduite de ma vie. Recevez-nous donc dans vos bras, conduisez-nous à la retraite que nous cherchons. » Hugues, ému d'un tel spectacle, relève et embrasse les pieux étrangers, qu'il accueille avec la plus tendre charité. Il comprend alors ce que signifient les sept étoiles, et dans quel lieu ces mages chrétiens doivent arrêter leurs pas. Il conduit Bruno et ses compagnons à travers des forêts, des torrents, des précipices, dans la sombre solitude de Grenoble, où s'élevèrent plus tard les bâtiments de la Chartreuse. Les nouveaux solitaires, nullement effrayés de l'aspect sauvage, de l'affreux silence du désert, de ses frimas presque continuels, bénissent la bonté divine qui les amène jusque-là pour mieux les éloigner du monde en les rapprochant du ciel ; et ils acceptent ce séjour avec son âpreté et toutes ses rigueurs, comme le digne théâtre de leur austère pénitence. (1084) (*).

L'histoire de cet ordre célèbre, nous a légué de bien touchants souvenirs. En 1798, l'armée française, commandée par Championnet, paraît aux portes de Naples. Tout s'épouvante à son approche. Le roi, les grands, les nobles attachés au parti de la cour, s'embarquent pour la Sicile. Les Chartreux eux-mêmes hâtent leur départ. Don Ginoux reste seul dans le couvent, dont

(*) La Vierge et les saints en Italie, chap. XXXVII.

ses frères en partant lui ont confié la garde. « Veillez sur nos
richesses, lui disent-ils, sauvez les objets les plus précieux. Vous
êtes de la famille française, peut-être à ce titre pourrez-vous
adoucir la fureur des ennemis et préserver notre maison du
pillage. » L'intrépide chartreux, seul dans sa retraite, en fait
barricader les portes. Un désordre affreux règne bientôt dans la
cité de Naples. La plupart des palais, des cloîtres, sont
dévastés par cette populace avide de butin, qui surgit toujours
au sein des crises politiques, comme de noirs corbeaux apparaissent dans les airs aux jours de la tempête. Mais la Chartreuse
de saint Martin, qui domine la ville, est un poste militaire
important; son occupation et celle du *Castel nuovo* décideront
tout à l'heure du sort de la place. Le général français, Defresse,
suivi de son état-major, se présente aux portes du monastère.
Don Ginoux les fait ouvrir, et avec une humble dignité, il
recommande le sort de la maison à la loyauté du général. Son
assurance, sa franchise, la sérénité peinte sur son front, plai-
dent en sa faveur mieux que n'auraient fait les plus vives
supplications. L'officier français touché de la candeur, de l'urbanité exquise de ce bon religieux, regardé comme un compatriote, fait placer des postes autour du couvent qu'il prend
sous sa protection. Les bâtiments, le mobilier, les tableaux et les
ornements de l'église sont conservés intacts. Sauf les provisions
de bouche et de cellier livrés à la disposition des soldats, tout
dans la Chartreuse reste comme sacré. La protection du général
s'étend sur elle durant tout le temps du séjour des Français
à Naples. Honneur à ce brave! sa générosité obtint aussi
sa récompense. La retraite précipitée de l'armée, la menace
d'un revers : don Ginoux apprend qu'un piége est dressé contre
elle pour exterminer toute l'arrière-garde. Il ne balance point,

il fait avertir le général et lui montre sa reconnaissance en prévenant dans les rangs des troupes françaises une cruelle effusion de sang.

La tempête apaisée, les chartreux rentrent dans Naples ; ils ne voient autour d'eux que des couvents dévastés. Ah ! sans doute, leur chère et belle maison n'est plus aussi qu'un monceau de ruines. C'est en tremblant qu'ils y retournent. Quelle n'est pas leur joie, leur surprise ! autour d'eux, en dehors, comme dans l'enceinte du monastère, tout a été respecté, tout est demeuré intact. L'heureux don Ginoux, le sourire sur les lèvres, accueille ses frères muets d'étonnement. Il est salué, béni de tous, comme leur fidèle gardien, comme leur sauveur. Lui cependant, environné d'hommages, de louanges, ne s'enorgueillit point. Toujours humble et modeste, il reporte sur la générosité du général français l'honneur de la conservation de la Chartreuse. Vainement veut-on l'élever aux premières dignités de son ordre : il refuse toute marque de distinction ; il veut vivre et mourir en simple religieux. Durant quatre ans il continue donc sa vie pauvre et sainte au milieu de ses frères. Les premières années de ce siècle ont vu le digne fils de saint Bruno s'envoler de cette cime vers les palais du ciel : mais son corps repose ici comme un précieux trésor ; et sur sa tombe des mains reconnaissantes ont gravé la mémoire de son nom, de sa gloire et de ses vertus (*).

Nous eussions désiré demeurer longtemps dans cet asile de paix, où les anges semblent habiter familièrement parmi les hommes. Mais la voix insouciante de notre *cicerone* vint bientôt nous rappeler que nous n'avions pas encore visité tout ce

(*) La Vierge et les saints en Italie, chap. XXV.

que nous nous étions proposé de voir ce jour là. Nous fîmes
un adieu tout cordial aux pieux cénobites et nous retournâmes
à Naples, pour faire connaissance avec ses plus belles églises.

En général les monuments de Naples sont effacés par les
édifices anciens et modernes de la capitale du monde chrétien ;
il y en a cependant qui sont remarquables par leur éclat et leur
origine. C'est ainsi que plusieurs églises de cette superbe cité
sont dignes de Rome même. Quelques-unes sont construites
sur les débris de temples d'idoles, et ici, comme dans la ville
éternelle, la croix s'élève triomphante sur les piédestaux, où
se trouvaient jadis les statues des dieux du paganisme. Que de
souvenirs se pressent en foule dans ces sanctuaires, éclatants
de parures et d'ornements ! L'histoire de Naples est là tout
entière sur les tombeaux.

La belle cathédrale, dediée à saint Janvier, patron de Naples et bâtie vers l'an 1280, par Charles d'Anjou, sur les ruines
des temples d'Apollon et de Neptune, fut ébranlée deux siècles
plus tard, par un tremblement de terre et restaurée par l'architecte Nicolas Pisani, sous le règne d'Alphonse I. Cette magnifique église, de style grec et gothique, est divisée en cinq nefs,
qui reposent sur cent dix colonnes de granit égyptien, restes
d'anciens temples du paganisme. L'intérieur renferme les
tombeaux de dix évêques canonisés. Au-dessus de la grande
porte intérieure sont les superbes mausolées de Charles d'Anjou,
de Charles Martel et de Clémence d'Autriche son épouse, fille
de Rodolphe I, élevés à leur mémoire par le comte Olivarès,
vice-roi de Naples. On y lit l'inscription suivante :

CAROLO I. ANDEGAVENSI TEMPLI HUJUS EXTRUCTORI.

CAROLO MARTELLO HUNGARIÆ REGI, ET CLEMENTLÆ

EJUS UXORI, RODULPHI I. CÆSARIS F. NE REGIS

NEAPOLITANI, EJUSQUE NEPOTIS, ET AUSTRIACI

SANGUINIS REGINÆ, DEBITO SINE HONORE

JACERENT OSSA, HENRICUS GUSMANUS OLIVAREN-

SIUM COMES, PHILIPPI III. AUSTRIACI REGIAS

IN HOC REGNO VICES GERENS PIETATIS ERGO

POSUIT ANNO DOMINI MDLXXXXIX.

En face de ces mausolées est celui d'André de Hongrie. L'épitaphe de ce prince tranche la question historique de sa mort :

ANDREÆ CAROLI UBERTI PANNONIÆ

REGIS F. NEAPOLITANORUM REGI,

JOANNÆ UXORIS DOLO ET LAQUEO NECATO,

URSI MINUTULI PIETATE HIC RECONDITO ;

NE REGIS CORPUS INSEPULTUM,

SEPULTUMVE FACINUS POSTERIS REMANERET,

FRANCISCUS BERARDI F. CAPYCIUS

SEPULCRUM, TITULUM, NOMENQUE

P. MORTUO, ANNO MCCCXLV. 14 KAL.

OCTOBRIS.

Les restes du Pape Innocent IV reposent dans la chapelle des anciens princes de Capoue. Il mourut à Naples au mois de décembre 1254, après un pontificat de onze ans, presque toujours agité par les prétentions ou les violences de Frédéric II. Innocent était de l'illustre famille des Fieschi de Gênes, partisans de l'empereur, qui promit de respecter l'élection de ce pontife ; mais ce prince, oubliant ses engagements, reprit bientôt le

cours des violences dont il avait usé envers Grégoire IX. Le
Pape se retira à Gênes, puis à Lyon, d'où il destitua Frédéric.
Peu d'années après, l'empereur étant mort, le Pape recouvra
ses états et se rendit dans la Campanie pour y fortifier l'autorité spirituelle du Saint Siége, ébranlée par les mauvais
exemples d'un prince qui les regretta sans doute, mais seulement à cette heure suprême où, s'il est temps encore de
déplorer ses fautes, il est le plus souvent trop tard pour les
réparer.

Le baptistère de saint Janvier, formé d'un vase antique en
basalte égyptien et reposant sur un piédestal de porphyre, est
surmonté d'un groupe en bronze, représentant le *baptème de
Notre Seigneur*. La sculpture qui environne le vase est un
ouvrage grec du plus beau temps des arts. Ce riche ensemble est
un don du cardinal Caraffa ; le prix en est évalué à 10,500 écus.

Vers le milieu de la cathédrale, s'ouvre l'église de sainte
Restitute, composant la partie gauche du transept. La chapelle
de saint Janvier forme la droite. Sainte Restitute est l'ancienne
cathédrale ; sa fondation remonte à sainte Hélène, lorsqu'au
retour de la Palestine, cette pieuse princesse passa à Naples en
se rendant a Rome. On y lit l'inscription suivante, gravée sur
l'autel :

LUX IMMENSA DEUS POSTQUAM DESCENDIT AD IMA
ANNIS TRECENTIS COMPLETIS ATQUE PERACTIS,
NOBILIS HOC TEMPLUM SANCTA CONSTRUXIT HELENA.
HIC BENE QUANTA DATUR VENIA VIX QUISQUE LOQUETUR.
SYLVESTRO GRATO PAPA DONANTE BEATO,
ANNIS DATUR CLERUS JAM INSTAURATOR PARTHENOPENSIS
MILLE TRECENTIS UNDENIS, BISQUE RETENSIS.

Les vingt deux colonnes qui soutiennent cette église, proviennent d'un temple de Diane, ainsi que les consoles du maître-autel, sous lequel repose le corps de sainte Restitute. Tous ces objets sont d'un travail exquis. A gauche du même autel, est la chapelle de saint Jean *ad Fontes*, ornée de mosaïques et de peintures antiques. Une de ces mosaïques représente la sainte Vierge, vêtue à la grecque. C'est la *Madone del principio*, ainsi nommée parce qu'elle a été la première qui fut honorée à Naples. Dans l'oratoire de saint Asperno, premier évêque de cette ville, on voit l'antique portrait de saint Janvier, regardé comme le seul ressemblant; d'après ce modèle on a fait le buste d'argent, commandé en 1306, par le roi Charles II, duc d'Anjou, et qui fut plus tard placé au trésor.

Parmi les mausolées qui forment les principales richesses artistiques de sainte Restitute, on distingue surtout celui du savant et pieux chanoine Mazzocchio, interprète des antiquités d'Herculanum.

En face de cette église s'ouvre la magnifique chapelle *del tesoro di san Gennaro*, érigée par la ville de Naples à son saint protecteur, après la terrible peste de 1526; mais elle ne fut commencée qu'en 1608 et achevé en 1678, sur le dessin du père Grimaldi, théatin, architecte distingué. La magnificence des peintures, la beauté des marbres, l'éclat des dorures, la richesse des offrandes, consacrées par une longue suite de générations pour embellir ce sanctuaire, prouvent et la puissante intercession du saint qui reçoit de si éclatants hommages et la piété fidèle et reconnaissante du peuple. Quarante deux colonnes en brocatelle d'Espagne, soutiennent le brillant sanctuaire. Les fresques de la voûte, des angles et des lunettes, sont des chefs-d'œuvre du Dominiquin. Sur les autels, qui ornent cette

chapelle, on admire surtout : *saint Janvier sortant de la four-*
naise d'Espagnoletto , toile digne du Titien ; *une possédée,*
délivrée par le saint évêque ; c'est un des meilleurs ouvrages de
Stranzioni, surnommé le Guido Reni de Naples. La coupole est
du pinceau de Lanfranco. Elle avait été d'abord peinte à fresque
par le Dominiquin, qui mourut de chagrin, parce que les
maçons, gagnés par quelques artistes napolitains, avaient mêlé
de la chaux aux parties sur lesquelles il peignait, afin que la
peinture fut bientôt détériorée. A cette époque, les haines,
les passions des artistes étaient très vives en Italie : Guido Reni,
qui devait également travailler à cette chapelle, s'était rendu à
Naples, d'où il fut obligé de partir précipitamment par suite
des menaces d'Espagnoletto et du grec Bélisaire Corenzio,
véritable despote des arts de ce pays et qui avait tenté d'em-
poisonner le grand artiste. Le chevalier d'Arpino, auquel il
avait fait les mêmes menaces, prit également la fuite. Gessi,
l'élève de Guido Reni, que l'aventure de son maitre n'avait point
effrayé, revint à Naples avec deux de ses élèves pour le
remplacer ; mais ceux-ci, ayant été attirés sur une galère, on
leva l'ancre, sans que jamais leur maitre désolé pût découvrir
ce qu'ils étaient devenus. Le Titien, quand il travaillait à
Naples, avait toujours le stylet au côté ; Giorgini s'armait d'une
cuirasse lorsqu'il peignait ; Masaccio , Peruzzi , Barroccio,
moururent empoisonnés ; une mort également tragique termina
la carrière d'une multitude d'autres peintres célèbres, qui tous
furent les tristes victimes de la jalousie de leurs rivaux.

L'autel principal, long de six pieds, en argent massif, est
orné d'un retable représentant le cardinal Olivier Caraffa
à cheval, allant recevoir, avec grande pompe, le corps de
saint Janvier ; la ciselure est d'une exécution parfaite. Cette

translation se fit le 15 janvier 1497; le même jour, la peste
qui affligeait cette ville depuis longtemps, cessa ses ravages.
Derrière cet autel, se conservent dans une niche fermée
par une porte d'argent, la tête et les deux fioles de verre fort
anciennes, où se trouve le sang de saint Janvier. Chaque année,
la veille du premier dimanche de mai, le 19 septembre et
le 16 décembre et dans quelques circonstances extraordinai-
res, ces reliques précieuses sont exposées solennellement à la
vénération des fidèles; le concours est alors immense. Lorsqu'on approche ces reliques de la tête du martyr, le sang se
liquéfie, s'agite et bouillonne dans les deux fioles qui le contiennent. Ce miracle se répète périodiquement depuis bien des
siècles en présence de milliers de personnes de toute condition
et de tout pays. Pendant notre séjour à Naples nous avons
nous-mêmes été les témoins de ce prodige. Nous y reviendrons
plus loin.

La sacristie de cette chapelle renferme des richesses immenses, touchants témoignages de la piété séculaire des fidèles.
Outre dix-neuf statues de bronze, le trésor contient quarante-
et-un bustes entièrement en argent. La statue de saint Michel
l'emporte sur toutes les autres, pour la beauté de l'exécution.
Nulle part, nous n'avons vu un ouvrage, en argent ciselé, d'une
aussi grande dimension et d'un travail aussi fini. Parmi les dons
les plus remarquables, on admire surtout un calice d'or, enrichi
de pierreries d'une valeur de cent mille francs; une croix garnie de diamants; une mitre ornée de 5694 pierres précieuses,
émeraudes et rubis; et six chandeliers en argent ayant douze
pieds de hauteur.

Chose vraiment extraordinaire pour les circonstances! Les
Français, lorsqu'ils firent la conquête de Naples, respectèrent

ce trésor. Pour l'augmenter, les rois à leur avènement à la couronne ont toujours fait un don à cette église. Entre autres, Joseph Bonaparte donna un ciboire en or, Murat une chaîne de rubis et d'autres pierres précieuses, destinée à décorer la statue de saint Janvier.

Le maître-autel d'une construction grandiose, offre une belle *Assomption* du Pérugin. André Salerve frappé de cette composition, quitta son pays, étudia à Rome sous Raphaël et devint lui-même un grand artiste. Deux colonnes antiques de jaspe rouge d'Egypte, supportent deux magnifiques candélabres. Au-dessus de l'autel reposent les corps des bienheureux Agrippine, Eutiches et Acute, compagnons de saint Janvier.

Le chœur, qui forme un parallélogramme, présente, d'un côté, la chapelle du séminaire ; de l'autre, celle de *Minutolo*. Les chanoines de Naples composent entre eux une association de missionnaires appelée : *di propaganda*. Ils donnent, sur l'avis du cardinal-archevêque, des retraites dans les paroisses du diocèse : (on sait que saint Alphonse de Liguori en fut un des membres les plus distingués) : or la chapelle *del seminario* sert à leur réunion. La chapelle *Minutolo* est remarquable sous le rapport de l'art : trois statues, un Crucifix, une Vierge et un saint Jean, chefs-d'œuvre attribués à Masuccio I, et divers sujets de la Passion, par Thomas de Stéfani, le père de la peinture napolitaine, contemporain de Cimabuë, attirent tous les regards. On y remarque encore l'emblème de l'ordre *Della nave*, institué, en 1381, par Charles III, de Duras. Il est tel que le portaient les chevaliers.

Dans la crypte, placée au-dessous du maître-autel, repose le corps de saint Janvier. Cette chapelle, toute revêtue de marbre blanc, est soutenue par plusieurs colonnes ioniques, qu'on prétend provenir d'un temple d'Apollon. Les peintures et les arabesques sont d'une rare beauté. La statue en marbre du cardinal Oliviero Caraffa, archevêque de Naples, agenouillé devant l'autel, a été attribuée à Michel-Ange, tant l'exécution en est belle.

Parmi les reliques de ce sanctuaire, celle qui intéresse le plus vivement est le *bâton* de saint Pierre. La tradition constante d el'église de Naples, confirmée par les monuments de l'histoire, enseigne que le pêcheur galiléen, se rendant à Rome, débarqua sur les côtes de l'Adriatique, traversa la Campanie et arriva par Nole à Naples, l'an 46 de Jésus-Christ. Reçu dans cette dernière ville par une dame nommée Candide, l'apôtre la convertit et la baptisa. Quelques jours après, Asprenus, mari de Candide, tomba dangereusement malade. Saint Pierre fut prié de venir le voir ; mais au lieu d'y aller il fit porter son bâton à Asprenus, en lui disant de venir lui-même le trouver. Asprenus prit le bâton, se leva, fut guéri, et devint le premier évêque de Naples. Quand on réfléchit qu'à la naissance de l'Eglise, les plus étonnants miracles étaient nécessaires ; quand on lit dans le texte sacré qu'une parole de saint Pierre suffisait pour rappeler les morts à la vie ; que l'ombre seule de son corps ou le contact de ses vêtements rendait soudain la santé aux malades : y a-t-il lieu de s'étonner qu'un objet, tant de fois touché par les mains de l'apôtre, ait joui de la même vertu! Ce *bâton* qui, de nos jours encore, a été l'instrument de plusieurs prodiges, mesure trois pieds et demi de longueur. Il est droit, rond, d'un bois pareil à celui de l'olivier, et orné à la partie supérieure d'une pomme en os. On le conserve dans un étui d'argent percé, de distance en distance, d'ouvertures, en cristal, qui permettent de le voir. Avec quelle crainte respec-

tueuse, avec quel inexprimable bonheur le pélerin catholique
prend-il en ses mains, ce vénérable témoin des fatigues et de
la miraculeuse puissance du grand pélerin de l'Evangile (*) !

Sur la *piazza di san Gennaro* s'élève un obélisque, surmonté
de la statue en bronze, que les Napolitains, dans leur reconnaissance, ont consacrée à leur bienheureux protecteur. Ce monument, quoique riche, semble être d'un mauvais goût. On y
lit l'inscription suivante :

D. JANUARIO

PATRIÆ REGNIQUE PRÆSTANTISSIMO

TUTELARI,

GRATA NEAP. CIV. OPTIME MERITO.

Près de la cathédrale s'élève l'église des saints Apôtres, dont
la fondation remonte à Constantin le Grand. Elle fut reconstruite,
en 1626, par les libéralités d'Elisabeth, duchesse de Guercia,
sur les dessins du père Grimaldi, théatin, architecte distingué.
De belles mosaïques, exécutées par Guido Reni, d'admirables
fresques de Lanfranco, de Luca Giordano, un beau bas-relief de
Muzzuoli, un tribunal d'une rare magnificence et une fondation en faveur des pauvres plaideurs, font de cette église, l'un
des monuments les plus intéressants de Naples.

A la chapelle *Filomarini* on admire le célèbre concert des
anges, bas-relief de notre Duquesnoy, que son brillant génie
mit au-dessus de tous les sculpteurs de son temps : une beauté
parfaite d'exécution, un fini précieux, une fidélité exquise à

_____

(*) Gaume, les trois Rome ; Ughelli, Hist. Italiæ sacræ ; De sacris Eccl.
Neap. Monum. pag. 70.

représenter les grâces naïves de l'enfance et qu'il est rare de retrouver dans les plus beaux antiques : voilà ce qui rend ce groupe vraiment digne d'admiration.

La chapelle de la mort, ainsi appelée parce qu'elle sert de sépulture à des familles distinguées, est entièrement couverte de peintures à fresque et de tombeaux qui nous rappellent le souvenir de l'heure suprême. Les *Campi santi*, qu'on retrouve si souvent en Italie, sont de touchantes créations du génie chrétien au moyen âge. Si toutes les religions ont professé le culte des morts, le christianisme, seul, sut lui donner cette pompe, cet éclat qui honore dignement des restes mortels sanctifiés par la présence du Saint Esprit et qui réveillent profondément dans le cœur, des pensées de gloire céleste et d'immortalité. La religion et les arts, comme deux sœurs amies, ont travaillé de concert, à rendre les *Campi santi* magnifiques et dignes des grands hommes dont ils renferment les cendres. Parmi les tombeaux, qui ornent cette chapelle, on s'arrête surtout devant celui du chevalier Jean Marini, poète très connu, mort en 1625. Son buste en marbre est couronné de lauriers. La pierre sépulcrale de la tombe est fort simple, mais l'épitaphe en est d'une singulière recherche :

D.   O.   M.

EQUITI JOHANNI BAPTISTÆ MARINO,

POETÆ SUI SÆCULI MAXIMO,

CUJUS MUSA E PARTHENOPEIS CINERIBUS ENATA.

INTER LILIA EFFLORESCENS, REGES HABUIT MECENATES :

CUJUS INGENIUM FÆCUNDITATE FELICISSIMUM, TERRARUM

ORBEM HABUIT ADMIRATOREM. ACADEMICI HUMORISTÆ

PRINCIPI QUONDAM SUO P P.

Marini avait l'humeur fort satirique ; la haine qu'il inspira
au poète Murtola par sa *Murtoléide*, satire sanglante, fut si
vive, que ce rimeur tira sur lui un coup de pistolet, qui porta
faux et blessa un favori du duc de Turin. Murtola fut arrêté ;
Marini sachant de quoi est capable l'amour-propre d'un poète
humilié, demanda et obtint sa grâce. Appelé en France par
la reine Marie de Médicis, Marini se rendit à Paris, mit au
jour son poëme d'*Adonis* et le dédia, assez mal à propos,
au jeune Louis XIII. On y trouve quelques allégories ingénieuses, de beaux vers, mais beaucoup de licences et des
tableaux qui blessent les mœurs. Sans ces défauts l'ouvrage
serait intéressant. Le style de cet auteur, appelé *Marinesco*,
contribua à corrompre la poésie italienne et fut le germe d'un
mauvais goût qui régna pendant tout le dix-septième siècle.
Un de ses meilleurs ouvrages est le *massacre des innocents*,
poëme qui lui obtint les bonnes grâces de Grégoire XV. Avant
sa mort il fit, dit-on, brûler devant lui toutes ses poésies
licencieuses et érotiques en témoignant de vifs regrets d'avoir
souillé sa plume par les obscénités qui ont terni sa gloire.

Mais des souvenirs d'un autre genre nous attendent dans la
belle église de saint Dominique Majeur, monument qui porte
encore le cachet grandiose de l'art gothique et ce caractère de
force et de durée, commun à tous les bâtiments de l'ordre des
prédicateurs, malgré les changements qu'il a subis depuis environ six siècles.

Dans ce beau temple tout parle des vertus et de la science de
saint Thomas d'Aquin. On y voit encore le célèbre Crucifix qui
fit entendre au docteur angélique cette voix miraculeuse :
« *Bene scripsisti de me Thoma ; quam mercedem recipies ?* »
« Vous avez bien écrit de moi, Thomas, quelle récompense

demandez-vous? » Le pieux auteur répondit : « *Non aliam nisi te, Domine!* » « Pas d'autre que vous, Seigneur ! »

Deux tableaux de cette chapelle sont remarquables : une *Descente de croix*, de Zingaro, et *Jésus portant sa croix*, de Jean de Corso, peintre napolitain du seizième siècle. Ce tableau est regardé par Solimène comme le meilleur de l'église.

La chapelle de saint Thomas renferme plusieurs tombeaux de la famille d'Aquin. Ce sont ceux de nobles dames qui voulurent que leur dépouille mortelle fut placée dans cet auguste asile, voisin de celui où l'illustre religieux de leur race coula une vie, partagée entre la prière et d'admirables travaux. Le tombeau de la princesse de Fereloto, dona Vincenza d'Aquino, la dernière de ce nom, morte en 1599, termina la glorieuse succession de cette ancienne famille.

La majestueuse chapelle de la famille *Brancaccia*, possède le portrait contemporain de saint Dominique, regardé comme véritable. De petits tableaux des frères Donzelli, représentant les miracles de la vie du saint, sont de la plus naïve expression. A l'entrée de ce sanctuaire, on voit le tombeau et la statue du cardinal Diomède Caraffa, illustre bienfaiteur de cette église. On y lit ce distique :

VIVIT ADHUC QUAMVIS DEFUNCTUM OSTENDIT IMAGO :
DISCAT QUISQUE SUUM VIVERE POST TUMULUM.

Le monument de Galeas Pandone, dont la tête, due à Jean de Nola, sculpteur distingué, paraît vivante, est une des merveilles de l'art.

La sacristie est, à elle seule, un des plus remarquables monuments de Naples, bien moins par ses stucs dorés, son pavé en

marbre précieux, son *Annonciation* d'André de Salerne, que
par ses douze sarcophages recouverts de velours cramoisi et
renfermant les restes de plusieurs rois et reines de la famille
d'Aragon. Une petite figure de mort, peinte en clair-obscur,
porte cette inscription :

SCEPTRA LIGONIBUS ÆQUAT.

Ces tombes nous reportent à cette mémorable époque où
Naples vit luire des jours de gloire et de splendeur littéraire.

Le couvent de saint Dominique, attenant à l'église, fut pendant plusieurs siècles, très renommé pour ses savants professeurs
en théologie. Alphonse I d'Aragon, le grand homme de sa dynastie, s'y rendait souvent, afin d'assister aux leçons de la
science divine. Ce fut dans ce monastère que saint Thomas
d'Aquin enseigna et qu'il composa plusieurs de ses immortels
ouvrages. Un jeune Dominicain, qu'on nous avait donné pour
guide, nous montra l'étroite cellule du saint docteur, érigée en
chapelle, la salle où il donnait ses leçons, et qui sert aujourd'hui
de réunion à l'académie *Pontiniana*, quelques débris de sa
chaire et un lambeau de sa robe : pieux et touchants souvenirs
d'un des plus rares génies qui aient brillé dans un siècle où la
Providence, pour accomplir ses merveilleux desseins sur les
nations, fit naître tant de grands hommes.

L'obélisque en marbre de saint Dominique, élevé devant l'é-
glise, est orné de bas-reliefs en médaillons, représentant plusieurs religieux de l'ordre. Le sommet est couronné par la statue
du saint. Ce monument, quoique riche en lui-même, semble appartenir à l'époque de la décadence de l'art.

En quittant ce beau temple, on passe par le *largo del mercato*, lieu devenu que trop célèbre par les révoltes populaires et les exécutions. Les grands événements qui se sont passés sur cette place, ont été éternisés dans les tableaux de Falconi, de Francanzone et de Salvator Rosa.

L'église de *Santa Maria del carmine*, la plus fréquentée de toutes celles de Naples, rappelle l'une des plus tragiques catastrophes de l'histoire de cette ville et le premier exemple du régicide en Europe. On y conserve, derrière le maître autel, les restes du jeune et infortuné Conradin et de son cousin Frédéric : l'inscription ne peut se lire qu'à la lueur d'une torche et cette espèce de mystère ajoute encore à l'émotion qu'on éprouve. Il semble que l'inexorable vainqueur ait voulu dérober à la lumière les preuves toujours subsistantes de son forfait ?

Le port voisin du marché a été le théâtre d'une insurrection plus sérieuse en apparence, mais tout aussi malheureuse que celle de Mazzaniello. Toujours prêts à opposer la révolte à la domination espagnole, les Napolitains s'insurgèrent de nouveau sous le règne de Philippe IV ; mais cette fois ce ne fut point un *lazzarone*, ce fut un grand seigneur, qu'ils choisirent pour chef. Le duc de Guise, exilé, condamné par contumace, était célèbre en Europe par ses aventures, son courage chevaleresque, son génie entreprenant. Les Napolitains apprennent qu'il est à Rome, ils le proclament leur chef et le supplient de leur venir en aide. Il suffisait de montrer de loin une épée au petit-fils du Balafré, pour être assuré qu'il ne tarderait pas à s'en saisir. Il accepte le commandement des insurgés, s'embarque à *Civita Vecchia*, traverse avec un rare bonheur la flotte espagnole, aborde au quai de Naples et s'y élance au milieu des acclamations du peuple. Le duc se battit comme un lion ; mais la fortune faillit à son courage ; il échoua dans sa tentative.

9

tomba entre les mains de l'ennemi, et la révolte fut encore une
fois comprimée.

En suivant le bord de la mer, jusqu'au *Largo del castello,* on
découvre le *château neuf,* construit, en 1266, par Charles I
d'Anjou, frère de saint Louis. Pendant les règnes qui suivirent
celui de ce prince, ce château servit de résidence royale et fut
témoin des tragiques événements qui signalèrent le gouvernement
de Jeanne I et de Jeanne II. Ce fort est entouré de fossés profonds et flanqué de tours très-élevées. En pénétrant dans la
première enceinte, on voit d'abord une place d'armes et l'arc
de triomphe élevé, par la ville de Naples, au roi Alphonse I
d'Aragon, vainqueur du roi René, en 1442. Alphonse, s'étant
emparé de toutes les Abruzzes, entra dans Naples où il fut reçu
à bras ouverts. Pour le fêter d'une manière digne de lui, et
rendre à jamais mémorable son avenement au trône, les Napolitains lui avaient préparé les honneurs du triomphe. On avait
abattu le pan de mur situé entre les deux tours du Château-
Neuf, et Alphonse, monté sur un char doré, couvert de pourpre,
que trainaient quatre chevaux blancs, ferrés d'or et escorté de
vingt cavaliers, avait pris pompeusement possession de son palais.
Après ces solennités, au lieu de relever le mur qui avait été
abattu pour livrer passage au cortége, on résolut d'élever sur la
même place un arc de triomphe dont on confia la construction
à l'architecte Pietro Martino de Milan, qui florissait au quinzième siècle ; mais quoique orné de statues et fort vanté par
les Napolitains, ce monument nous a paru médiocre. Près de là,
est une porte en bronze exécutée par le moine Guglielmo et représentant en bas-relief les batailles gagnées sur les barons rebelles,
par Ferdinand d'Aragon ; bien que postérieure à celles de
Pise et de Florence, elle est loin de les égaler. Dans l'église de

santa Barbara, construite sur un des côtés de la place d'armes, est une *Adoration des Mages,* par notre compatriote Van Eyck de Bruges, inventeur de la manière de peindre à l'huile. Cet artiste qui florissait au commencement du quinzième siècle cultivait la chimie en même temps que la peinture. Un jour qu'il cherchait un vernis, pour donner du brillant, il trouva que l'huile de lin ou de noix, mêlée avec les couleurs, faisait un corps solide et éclatant, qui n'avait pas besoin de vernis. Il se servit de ce secret, qui passa en Italie, et de là dans toute l'Europe. Le tableau, dont nous parlons, fut peint de cette manière et présenté à Alphonse I, roi de Naples, qui admira cette heureuse découverte.

Dans un des appartements de ce château on montre la chambre, convertie en chapelle, où logea saint François de Paule, lors de son passage de Calabre en France. Le portrait de ce zélé missionnaire, peint par Espagnoletto, offre, dit-on, l'image fidèle du saint.

L'arsenal possède une grande collection d'armes de différentes époques avec leur perfectionnement graduel. On y voit un canon d'une prodigieuse grosseur, qui a appartenu à l'électeur Jean Frédéric de Saxe, fait prisonnier par Charles Quint à la bataille de Mulberg, en 1547. On le reconnaît au buste en relief de l'électeur qui y est représenté. Ce château renferme aussi des casernes, une fonderie de canons et l'école d'artillerie. L'armée napolitaine a fait de grands progrès sous le règne actuel ; elle est bien organisée, bien administrée et généralement bien tenue. Ce qui lui manque, c'est une histoire militaire, ce sont les traditions de gloire, qui constituent, au moins en partie, la force morale de l'armée.

Nous terminâmes cette intéressante journée par une visite à

l'ermitage des Camaldules, situé sur un des plus hauts sommets de la magnifique côte où s'élève la ville. En passant le *Vomero*, qui paraît être le cratère d'un ancien volcan, et plusieurs monticules couverts de la végétation la plus forte et la plus variée, on gravit lentement les beaux côteaux de Naples, tantôt entre des terres bien cultivées, tantôt entre des vignes ou des vergers; puis, en suivant des sentiers escarpés le long des rochers, ou au milieu de bois épais, on ne tarde pas d'arriver à un endroit d'où l'œil jouit d'un spectacle ravissant : deux montagnes peu distantes par le sommet et qui par la direction de leur coupe semblent vouloir se rapprocher par le pied où se trouve un abime, laissent entre-elles un espace qui permet d'admirer de loin le beau golfe de Naples.

Après une marche pénible de plus de deux heures, nous atteignimes enfin le seuil du paisible couvent. Un frère d'une haute stature, à l'œil vif, mais doux, à la barbe longue et vêtu d'une robe blanche, nous reçut avec cette hospitalité prévenante, cette urbanité simple, qui distinguent les religieux italiens.

A notre arrivée la cloche du monastère se fit entendre, avertissant aux alentours que les religieux se rendaient au chœur pour chanter les vêpres. Nous les suivimes dans l'église, heureux de mêler nos faibles voix aux pieux accents de ces bons pères, dans l'hymne saint d'adoration qui de ce sommet béni allait s'élever aux cieux!

L'église peu remarquable par son architecture et ses décorations, ne possède au point de vue de l'art qu'une belle *cène* du chevalier Massimo. Au fond du chœur est une peinture sous verre enchâssée dans un panneau; on prétend que c'est l'ouvrage d'un artiste grec. La menuiserie de la sacristie, d'un bois rare, est sculptée par une main fort habile.

Sur la terrasse à l'extrémité du jardin, on jouit d'une des plus belles vues qui existent : d'un seul coup d'œil on embrasse le golfe de Naples et celui de Pouzzoles, leurs iles, leurs brillants promontoires, une mer immense ; à ses pieds on voit se déployer, belle et radieuse, la reine de ces bords ; au-dessus de sa tête brille un ciel d'azur. Il n'existe pas de lieu plus propre à la vie contemplative, que la cime de cette montagne, à laquelle se rattachent tant de pieux souvenirs.

Naples, Samedi, 18 avril.

La charité chrétienne est comme un puits
d'abondance dans les déserts de la vie.
CHATEAUBRIAND.

Si l'on avait dit à quelqu'un, il y a peu d'années : il existe
dans une certaine ville un être gai, insouciant, vivant au jour
le jour, sans jamais penser au lendemain ; un être lancé au
milieu de la civilisation à laquelle il est complètement étranger,
seul au milieu de la foule, parcourant les rues, l'été en simple
habit de toile, sans bas et sans chaussure, exposé à un soleil
ardent qui a cuivré sa peau ; l'hiver avec un vêtement de laine
qui le défend contre le vent du nord ; un être qui a la rue
pour salle à manger et qui avec tout cela possède l'art de
trouver le bonheur ou du moins une illusion qui y ressemble ;
il n'est personne qui ne considérât ce portrait comme l'œuvre
d'une fantaisie ; et pourtant cet être étrange et mystérieux qu'il
est aussi impossible de définir que d'imiter, existe en Italie :

la ville qui lui donne droit de cité c'est Naples, et il a nom *lazzarone*. Cette caste paraît avoir perdu les mœurs qui en faisaient une classe, presqu'un peuple à part. Ce ne sont plus que des hommes peu vêtus, parcequ'ils sont pauvres et qu'à cet égard le climat n'est pas exigeant ; peu occupés, parce que l'ouvrage leur manque, plutôt qu'ils ne manquent à l'ouvrage ; sobres par habitude autant que par nécessité, se présentant partout où il y a du gain à faire n'importe à quel métier ; propres à tout sans application spéciale, moins par défaut de volonté que par défaut d'éducation. A en croire quelques relations, ils seraient couchés, comme des troupeaux, le jour et la nuit, sur les places publiques, dans les rues, sous les portiques des palais et des églises. Quelques raisons s'opposent à ce qu'il en soit et même à ce qu'il en ait jamais été ainsi ; car tout beau que soit le climat de Naples, l'homme n'a pas la santé assez robuste pour pouvoir s'exposer à toutes les intempéries de l'air, et ce climat présente des alternatives subites d'excessive chaleur, de fraicheur incommode, quelquefois même de froid, de pluie et de vents violents. D'ailleurs les places publiques sont dépourvues de halles et de hangars et les palais et les églises n'ont pas de péristyles. Personne ne couche en plein air à Naples, pas plus qu'à Saint-Pétersbourg, et quoique l'on prétende que le climat pourvoit presque seul aux besoins des pauvres, on peut penser avec raison que la misère s'y fait sentir autant et aussi douloureusement qu'ailleurs, au redoublement d'importunités qu'elle emploie pour arracher des secours ; dans aucun pays elle n'est aussi criarde, aussi acharnée à la poursuite de ceux qui peuvent la soulager.

Les pauvres *Lazzaroni* habitent en grand nombre les caves des maisons. Les contrariétés de la vie ne semblent exercer aucune influence sur leur esprit; ils commencent et finissent le jour en chantant, en courant, en criant et en riant; ils sont néanmoins toujours prêts à offrir leur service, ce qui les rend en quelque sorte insupportables. On nous parlait à Naples d'un de ces *Lazzaroni* qui s'était choisi un *forestiere*, c'est-à-dire un voyageur auquel il servait de guide, et qu'il allait saluer tous les matins; à la fin de la semaine il ne manquait pas de réclamer de lui le salaire des vœux qu'il avait faits pour sa personne.

Le soir, les *Lazzaroni* se rassemblent en cercles au port autour des improvisateurs. Il est curieux d'observer alors ces groupes de spectateurs, écoutant d'un air attentif de beaux vers tirés de poètes nationaux, de nobles récits d'actions généreuses, ou bien de gracieuses *Canzone*. Chez ces hommes à l'enveloppe grossière, il y a une certaine poésie qu'on ne retrouve pas ailleurs; au fond de ces âmes s'agite bien souvent un sentiment religieux qui réjouit et console.

Horace disait du peuple napolitain : *otiosa Neapolis*, (Naples la paresseuse), ce qui ne pourrait certainement pas s'appliquer aujourd'hui à la masse des habitants qui est très laborieuse, mais à une certaine classe de gens, qu'on rencontre partout, courant sans but, sans affaires et même sans le désir d'en avoir, s'habituant à mendier leur pain de tous les jours, ne se fixant dans aucun état, pour ne pas devoir travailler; devenant, non seulement des êtres inutiles, mais encore nuisibles à la société. Charles III, encouragé par le judicieux pontife Benoît XIV, et aidé par le zèle infatigable du père Rocco, dominicain, missionnaire du peuple, s'efforça, par tous les moyens possibles de cicatriser cette plaie de la société et fit ouvrir, en 1764, *l'albergo reale de' poveri*, où toutes les misères sont soulagées.

L'inscription, gravée en lettres d'or sur la façade principale de l'édifice, résume en peu de mots toute la pensée de son illustre fondateur :

REGIUM TOTIUS REGNI PAUPERUM HOSPITIUM

Cet hospice est sans contredit l'établissement philanthropique le plus remarquable de Naples. Sa façade mesure onze cents pieds. L'entrée principale se fait remarquer par un superbe escalier, conduisant à un vestibule commun, d'où l'on passe dans les corridors, dans les salles, les réfectoires et les dortoirs, tous vastes, bien aérés et d'une extrême propreté. Cet *Albergo* renferme plus de trois mille personnes de tout sexe et de tout âge, occupées, sans exception, d'un travail quelconque. Les quartiers sont divisés suivant l'âge, les dispositions ou les infirmités de ceux qui habitent cet hospice.

Nous visitâmes en détail les ateliers et ils sont nombreux ; depuis l'armurier jusqu'à la fleuriste, tous les métiers y sont représentés. Une fabrique de corail emploie seule plus de trois cents jeunes filles. Un des plus nobles buts de cet établissement est d'assurer le sort des orphelins et de leur donner une éducation appropriée à leurs dispositions naturelles. On y apprend à lire, à écrire et à calculer ; on enseigne tout ce qui a rapport à l'instruction primaire, même le dessin et la musique. Ceux qui montrent quelques dispositions pour les beaux-arts, reçoivent une forte impulsion. Tous les jeunes gens se forment au maniement des armes, mais par une honorable exception, ceux qui se distinguent dans la branche qu'ils cultivent, sont exemptés du service militaire au sortir de l'établissement.

Les sourds-muets ne pouvaient pas manquer de trouver place dans une maison ouverte à toutes les misères de l'humanité ; ils y sont instruits selon la méthode de Corado Haman, hollandais, méthode déjà en vogue il y a deux cents ans, et dont le fils de notre célèbre Van Helmont (*) a donné la première idée.

Les professeurs des sourds-muets eurent la complaisance de nous faire assister à plusieurs exercices de vive voix exécutés par ces enfants, et il nous fut facile de voir qu'on y avait porté la méthode à une grande perfection. Ils nous assurèrent que la langue italienne, composée d'un nombre considérable de voyelles, est plus propre que toute autre à permettre au sourd-muet de former des sons articulés. Nous suivîmes cette intéressante jeunesse dans ses classes, en lui adressant des questions variées auxquelles ils répondaient avec grande intelligence. Le directeur de l'établissement nous raconta, que lors de la visite du petit-fils de Charles X, l'un de ces malheureux enfants le regardait avec une attention marquée et, cédant au besoin de lui faire une question, prit le crayon et traça ces mots sur le tableau : « *Comment vous appelez-vous !* » Le prince lui demanda son crayon et répondit : « *Henri de France,* et vous? » La demande ne se fit pas attendre, le sourd-muet écrivit avec un

---

(*) Notre savant compatriote, M. le docteur Broeckx, dit dans son ouvrage couronné sur l'*Histoire de la médecine belge :* « François Mercure Van Helmont est le premier qui se soit occupé de l'éducation intellectuelle des sourds-muets. Il parvint à former une méthode qu'il publia en 1672, à Salzbourg, et par laquelle il veut non seulement rendre les sourds-muets aptes à comprendre ce qu'on leur dit, mais leur donner même l'usage de la parole. Cet homme ingénieux prétendait que pour faire parler les sourds-muets, il fallait leur figurer la parole. Or, son ouvrage renferme trente-six gravures, représentant différentes expressions de la face ; les joues ouvertes font voir l'intérieur de la bouche, le jeu de la glotte, de la langue, des dents et des lèvres, dans l'articulation des différentes lettres et syllabes. C'est avec ces tableaux exécutés en relief et un miroir que ses élèves s'exerçaient eux-mêmes à articuler les sons, en plaçant les organes dans la position qu'ils avaient sous les yeux. »

certain empressement : « je m'appelle *Etienne de Naples!* » Le
prince rit beaucoup et tous les assistants avec lui ; le pauvre
Etienne était fort surpris de cette gaîté ; il ne savait pas que son
nom pût être si divertissant. On lui expliqua, après le départ du
prince, quel personnage il venait d'interroger et son étonnement
cessa.

Nulle part, excepté à Rome, la religion n'a fait autant de bien
à l'humanité qu'à Naples. Elle se produit ici, non seulement
par l'exposition de ses doctrines, par sa pompe dans les cérémonies du culte, mais aussi par le plus noble dévouement de
charité chrétienne, adapté à tous les besoins des classes malheureuses. C'est une remarque générale, qu'on a souvent faite
et qu'on ne saurait trop répéter, que plus la foi catholique
domine au milieu d'un peuple, plus le dévouement y est pratiqué, ce qui suffirait seul pour prouver l'excellence de la doctrine évangélique.

On aime à s'arrêter dans ces refuges ouverts à tous les
malheurs, à interroger leurs souvenirs, si consolants pour la
foi, dans une ville où, comme dans la plupart des autres capitales, le vice marche le front levé à côté de la vertu, et le luxe
le plus opulent à côté de la plus hideuse misère. Plus heureuse
que d'autres la cité napolitaine a conservé la foi avec ses pieux
monuments. C'est un fait incontestable qu'on trouve, sans
comparaison aucune, plus d'hospices charitables en Italie, toute
proportion gardée, que dans les plus vastes et les plus riches
états du monde chrétien.

L'hospice saint Janvier compte quatre cents pauvres des
deux sexes, dirigés par des sœurs grises de l'ordre de saint
François. Une sage prévoyance, un ordre admirable règnent
partout et président à tout dans cet établissement. L'instruction

religieuse et les exercices de piété y maintiennent la discipline ;
l'oisiveté en est sévèrement bannie. On y apprend un metier à
quiconque est en âge de pouvoir encore travailler.

L'*Annunziata* fondée en 1304, par Nicolas et Jacques Scon-
dito, agrandie, en 1343, par la reine Sancha, épouse du roi
Robert et par Jeanne II, reine de Naples, en 1433, est un des
plus beaux édifices de la ville. Cet immense hospice garde les
enfants de Naples et des environs, jusqu'à ce qu'ils aient
atteint l'âge de sept ans, époque à laquelle ils sont envoyés à
l'*Albergo reale de' poveri*. Ce même établissement pourvoit
d'une dot les jeunes orphelines, soit qu'elles se marient ou
qu'elles entrent en religion, et assiste les pauvres familles
honteuses.

Sur la porte principale on lit cette inscription touchante :

LAC PUERIS, DOTEM INNUPTIS, VELUMQUE PUDICIS,
DATQUE MEDELAM ÆGRIS HÆC OPULENTA DOMUS :
HINC MERITO SACRA EST ILLI, QUÆ NUPTA, PUDICA,
ET LACTANS, ORBIS VERA MEDELA FUIT.

L'église de cet hospice, chef-d'œuvre d'architecture, est remarquable par d'excellentes peintures des plus grands artistes.
Le maître-autel, orné de plusieurs colonnes d'un marbre rare et
resplendissant de pierres précieuses, possède une *Annonciation*
par Espagnoletto, tableau plein de vigueur et d'un effet sublime.
Une chapelle souterraine, formant une rotonde, où six autels
sont placés dans les enfoncements, forme l'une des plus belles
parties de l'édifice sacré. La vie de Jésus-Christ, sculptée en
bois sur les armoires de la sacristie, est due au gracieux ciseau
de Jean de Nola, le Dominiquin de la sculpture.

L'hôpital des pèlerins, jadis uniquement destiné à cette classe
de voyageurs, est desservi par les frères de la congrégation de
la *Sainte Trinité* et reçoit de nos jours les blessés et les indigents.
Les soins qu'on y prodigue aux malades, sont dignes de tout
éloge, et, à ce sujet, on ne saurait trop s'étonner que plusieurs
hôpitaux italiens soient abandonnés à des infirmiers mercenai-
res ; jamais l'amour du lucre n'inspirera l'ombre du dévouement que donne la vocation religieuse. Personne n'ignore ce
que peuvent, pour le soulagement des affligés, ces corporations
de saintes filles se consacrant à toutes les douleurs, à toutes les
misères humaines, et servant les malades avec une touchante
commisération et une patience admirable. Disons à l'honneur
de la Belgique, qu'elle vit naître et grandir ces charitables
institutions.

La maison des incurables a été fondée par la pieuse charité
de Francesca Maria Longo. Commencé en 1521, cet hôpital
s'augmenta par de nombreuses donations ; la plus considérable
fut celle de Gaspar Romer, riche négociant étranger, qui s'était
fixé à Naples. L'hospice peut contenir deux mille malades,
et l'on y reçoit principalement les individus atteints d'affec-
tions chroniques. A cet établissement sont attachés un cours
médico-chirurgical et pharmaceutique, un amphithéâtre d'ana-
tomie, des cours de clinique et d'ophthalmique, et tout ce qui
est nécessaire à former de bons praticiens. Vingt-quatre médecins et dix-huit chirurgiens y traitent les malades. Cette maison
constitue un bâtiment considérable, composé de salles immenses. Les malades pensionnaires occupent des locaux spacieux,
mais il nous semble que cet hôpital laisse à désirer sous le
rapport de la propreté.

L'ospedale della Trinita, hôpital militaire, reçoit particu-

lièrement les soldats atteints d'ophthalmie. Il paraît qu'un grand
nombre d'entre eux s'irritent les yeux au moyen de la chaux,
afin d'obtenir un congé de réforme. M. Valentin dit que les
soldats contractent principalement cette maladie, dans les postes militaires et surtout à Gaëte; il ajoute que cette affection
est fréquente à Palerme. Toutefois l'ophthalmie est un mal
endémique parmi la population de Naples, même parmi la
classe aisée de la bourgeoisie. L'humidité de la nuit et les froids
subits qu'on éprouve au bas des hautes montagnes, contre
lesquelles Naples est bâti, sont regardés sur les lieux comme
les causes qui produisent cette affection.

Dans chaque commune du royaume de Naples, l'administration municipale recueille, sans s'informer de leur origine, tous
les enfants qui lui sont présentés et les confie à des nourrices.
Le chef-lieu de chaque province possède en outre, un hospice
spécial pour les enfants-trouvés. Il n'est pas rare de voir les
pauvres gens se charger d'un et même de deux enfants trouvés,
ou les adopter à la place de ceux qu'ils ont perdus. Ces enfants
portent le nom touchant de *figlj della Madonna*, enfants de la
sainte Vierge.

Ainsi l'on voit que la foi agit ici d'une manière bien consolante
sur les mœurs publiques. Quatre grands symptômes annoncent
la décadence des nations, et prouvent l'immoralité excessive de
l'esprit et du cœur : l'infanticide, la folie par suite de la surex-
citation des passions, l'impiété finale et le suicide. Or à Naples
l'infanticide est rare. Les enfants-trouvés sont, proportionnelle-
ment aux autres capitales de l'Europe, dans un nombre très
inférieur. Malgré l'ardeur du climat, Naples compte sept fois
moins de fous que Paris, et dix ou douze fois moins que Londres.
Sur environ quatre cent mille habitants, Naples n'a qu'un très

petit nombre de suicides à déplorer tous les ans, tandis que
Paris en offre un nombre effrayant. Il semble dès lors que nous
aurions assez mauvaise grâce d'exagérer les désordres moraux
des Napolitains. Nous ne voulons pas les nier : seulement les
données qui précèdent montrent tout ce qu'il y a de faux dans
les récits de certains voyageurs.

Il faut attribuer aux principes religieux, qui sont encore
vivaces dans le cœur des Napolitains, la rareté des suicides
chez ce peuple et le petit nombre de personnes frappées d'aliénation mentale, maladie qui semble prendre au moment actuel,
une grande extension parmi les peuples placés sous l'influence
de la civilisation moderne. Un célèbre orateur contemporain a
dit : « Quoiqu'il en soit de la nature intime de la folie, il est
certain qu'aux époques d'une extrême liberté de pensée, comme
celle où nous vivons, cette terrible catastrophe de l'intelligence
se manifeste dans des cas incomparablement plus nombreux.
Semblables à des barques détachées du rivage et n'ayant plus de
pilote sur une mer sans horizon, les esprits y vont à l'aventure ;
la réalité disparait devant le rêve, et les plus faibles, n'étant
pas les moins présomptueux, beaucoup finissent par porter les
tristes débris de leur ambition entre les quatre murs d'un
hôpital de fous. » (*)

Au pied de la colline de *Capo di monte* se trouvent les
catacombes saint Janvier, où, dans les premiers siècles, les
chrétiens durent souvent se cacher pour se soustraire aux
violences des payens, pendant les terribles persécutions qui
désolèrent la ville éternelle. On prétend que ces catacombes
s'étendent jusqu'à Pouzzoles d'un côté et de l'autre jusqu'au

(*) Conférence du père Lacordaire, nov. 1845.

monte di Leutrecco, quoique personne n'ait jamais pu s'en assurer ; de nos jours on peut à peine y faire quelques pas.

Ces souterrains pratiqués dans la colline en forme de corridors à trois étages, ne sont point taillés dans le roc vif, mais en partie dans la pierre dont on se sert à Naples pour bâtir, et en partie dans une terre compacte, ou, pour mieux dire, dans une espèce de sable d'un jaune roussâtre, ferme et même dur dans certains endroits, qui est une véritable pouzzolane durcie, qu'on prendrait quelquefois pour du tuf.

En entrant dans les catacombes, on s'avance par une rue droite de dix-huit pieds de largeur et dont la voûte, dans sa plus grande élévation, peut avoir à peu près quatorze pieds de hauteur : cette voûte devient ensuite irrégulière et semble être percée au hasard dans la montagne, ainsi que plusieurs autres rues plus petites et plus ou moins élevées, avec lesquelles la grande rue communique de tous côtés.

Le premier objet qui se présente en visitant ces salles souterraines, est une chapelle, au milieu de laquelle se trouve un autel de pierre brute, où l'on prétend que fut trouvé le corps de saint Janvier. Derrière cet autel se trouve une chaire, coupée dans le roc vif, et qui y est encore adhérente au milieu d'un demi rond, entouré de banquettes, d'où se faisaient les instructions au petit troupeau qui y était assemblé. A côté de cette chapelle sont quelques excavations où étaient des sépulcres. Lorsque les corps y étaient déposés, on en fermait l'entrée au moyen d'une longue pierre plate, ou de plusieurs grandes tuiles jointes par un ciment. Ces niches sont de nos jours toutes vides. D'espace en espace on voit quelques peintures à fresque dans le genre gothique, et dont les couleurs sont encore assez vives ; elles représentent la sainte Vierge et des saintes, qui paraissent appartenir aux premiers siècles de l'Église. Il y avait même des inscriptions en grands caractères grecs et romains, peintes en couleurs rouges; mais les rares vestiges, qui en restent, sont si imparfaits, qu'on a bien de la peine à en déchiffrer encore quelques lettres. Ces caractères sont de la même forme que ceux des inscriptions chrétiennes les plus authentiques de cette même époque, gravées sur le marbre et le bronze et dont on voit plusieurs rangées dans les corridors du palais du Vatican.

Dans l'épaisseur des pilastres laissés d'espace en espace pour soutenir ces voûtes immenses, sont creusées de petites chambres funéraires, dont quelques-unes ont été ornées de peintures et de mosaïques, et qui sans doute servaient de lieux de sépulture aux familles les plus distinguées.

Dans une espèce de croisée qui est à peu près au milieu du second étage, se trouve une chapelle à trois petites nefs, où l'on prétend, que se faisaient les ordinations ; elle aboutit à une très grande excavation, ou salle, spécialement destinée à l'instruction religieuse. A quatre pieds d'élévation se voit une chaire, taillée dans le roc même, d'où l'évêque parlait au peuple. Tous ces vestiges de l'antiquité chrétienne prouvent, quoiqu'en disent quelques savants, que les catacombes de Naples ont servi aussi bien que celles de Rome, de retraite aux martyrs, et que dans les premiers temps du christianisme, la religion florissait déjà dans cette ville et dans ses environs, malgré les sanglantes persécutions, dont l'empire romain était le théâtre.

La visite de ces catacombes ne peut se faire qu'à la lueur des torches, quelquefois en rampant sur le sol et en se frayant péniblement une route à travers des terres qui en s'éboulant

10

rendent parfois le retour impossible. Cette visite offrait encore,
il y a quelques années, de véritables dangers ; aujourd'hui
l'autorité locale ne permet que l'entrée d'une partie de ces
catacombes ; l'accès des autres est formellement interdit. L'aspect
sombre de cette cité souterraine, remplit l'âme de sentiments
lugubres comme l'horreur silencieuse qui y règne, et qui parle
encore de cette religion, proscrite et persécutée, alors qu'elle
devait fuir dans les entrailles de la terre pour célébrer les
mystères de celui qui vit dans les cieux.

A quelle époque et pour quels motifs ces galeries ont-elles
été creusées ? Les opinions sont très partagées là-dessus. Quelques-uns ont prétendu, qu'elles ont été faites par les premiers
chrétiens, qui, dans le temps des persécutions, s'y retiraient et
y célébraient les saints mystères. Mais comment ces premiers
chrétiens auraient-ils pu faire de pareilles excavations ? Sous
quelle protection auraient-ils exécuté ces immenses travaux, eux
qui étaient pauvres et persécutés ? Il est donc plus probable que
ces souterrains sont l'ouvrage des Napolitains même, qui les
creusèrent et en tirèrent la terre pour élever leurs édifices.
Les chrétiens trouvant ces souterrains tout faits, les regardèrent
comme une retraite que leur avait préparée la Providence ; ils
s'y cachèrent, y prièrent ensemble et y enterrèrent aussi leurs
morts, afin que les corps des enfants de Dieu ne fussent pas
mêlés avec ceux des infidèles.

En quittant ces souterrains, nous visitâmes le palais de
Capo di monte, qui, comme la *Chartreuse*, domine la ville et
le magnifique horizon du golfe. La situation de ce bel édifice
manque de solidité ; il fut imprudemment construit par l'architecte Mandrano sur le terrain des catacombes, les plus vastes
et les plus profondes qui aient été creusées par la main des

hommes. Quoiqu'il en soit, le roi affectionne cette demeure et l'habite souvent pendant la belle saison.

Cette résidence royale était autrefois à peu près inaccessible, le pont jeté par les Français entre les deux collines, est un de ces travaux qui par leur grandeur et leur utilité sont dignes des Romains. Le parc est bien planté, il rappelle, dans quelques unes de ses parties, les beaux sites du petit *Trianon* à Versailles. La galerie Farnèse avait été provisoirement déposée dans ce palais, sous le règne de Charles III ; on n'y a conservé que quelques tableaux, qui ornent les appartements ; les plus précieux ont été envoyés au *musée Bourbon*.

Près de ce palais se trouve le collége chinois, établissement unique en Europe. En 1726, le père Mathieu Ripa, missionnaire napolitain, s'embarqua pour la Chine. Peintre habile, il sut mériter les bonnes grâces de l'empereur, et brûlant de zèle pour le salut de ce vaste pays, il voulut perpétuer le bien qu'il avait commencé. De retour dans sa patrie, il fonda un collége destiné à l'instruction de jeunes Chinois. L'établissement fut doté par des personnes pieuses et par la *propagande* de Rome. Les élèves y sont envoyés de la Chine par les missionnaires à l'âge de treize à quatorze ans, pour achever leurs études. Mais ce temps arrivé, rien ne peut arrêter l'ardeur de ces futurs martyrs ; ils vont joyeux à la mission qui leur est assignée en léguant à de nouveaux frères leur place et le souvenir de leurs précoces vertus.

Dans une des salles on voit les portraits de ces missionnaires avec des inscriptions, indiquant leurs noms, la date de leur naissance, de leur arrivée à Naples, de leur départ pour la Chine et de leur mort, quand elle est connue ; enfin le genre de martyre que plusieurs d'entre eux ont subi. En contemplant ces touchants tableaux, on songe au sort de ces disciples du Christ, réunis sous les voûtes de cette demeure passagère ; dans quelques années, ces jeunes étrangers seront bien loin d'ici ; ils étaient partis enfants, ils retourneront apôtres ; ils annonceront la charité et la justice, passeront en faisant le bien, et plus d'un de ces amis de Dieu trouvera peut-être des bourreaux pour prix de ses sacrifices ! peut-être y aura-t-il un calvaire au bout de la glorieuse carrière de plusieurs de ces missionnaires !

On parle souvent aujourd'hui de civilisation et de dévouement au progrès. Mais, parmi les hommes dont on vante le zèle pour les intérêts de l'humanité, en est-il un seul qu'on puisse comparer au plus petit de ces athlètes de notre foi? L'admirable apôtre de la civilisation, ce n'est pas celui qui élabore, dans les loisirs du cabinet, les théories d'une stérile philanthropie et qui la jette au monde en phrases sonores; c'est l'homme qui expose sa vie pour éclairer et consoler des frères inconnus, pour adoucir leurs mœurs, purifier leurs âmes et placer l'espérance autour de leurs tombeaux ; et cet homme c'est le missionnaire catholique !

Cet intéressant séminaire permet d'étudier le peuple chinois et d'apprécier sa littérature. Malgré son petit nombre d'élèves, le collège chinois a rendu d'importants services à la religion, aux sciences et aux arts.

Le petit musée se compose de curiosités chinoises, telles que porcelaines, vêtements de soie, peintures, une grande carte du céleste empire, un manuscrit indien écrit sur une écorce de palmier, un livre chinois avec des dessins qui retracent des jeux, des exercices publics. L'attention se porte surtout sur un grand album représentant les diverses divinités de la Chine ; le dessin de ce panthéon chinois est remarquable. Les démons s'y trouvent sous des formes qui révèlent chez les peuples de ce

vaste empire une étrange et effrayante imagination ; quelquefois
le peintre semble nous traduire les conceptions de Milton, le
chantre de l'*éternel abime*. On rencontre de temps en temps dans
l'œuvre chinoise des allégories ingénieuses ; cette femme dont les
bras s'échappent des deux orbites, et dont les mains ont chacune
un œil ouvert, représente bien la Justice qui voit et frappe au
même instant.

Pendant que nous parcourions cet intéressant établissement
nous eûmes l'avantage de parler à deux prêtres chinois, élèves
de ce collége, qui devaient bientôt se rendre à Makao, pour se
diriger vers *Huquan* afin de s'y livrer aux œuvres de l'apostolat.
Ils nous racontaient qu'en ce moment, le vaste empire chinois
compte plus de deux cent cinquante mille catholiques ; que les
difficultés sont très grandes pour sortir du pays et qu'il faut tromper toutes les autorités des lieux où l'on passe. De retour dans
notre patrie, disaient-ils, nous devons exercer notre ministère en
échappant à l'œil de l'autorité ; reconnus comme missionnaires
catholiques, nous serions punis de mort. Mais, malgré les
sanglantes persécutions, le sang de nos frères devient de jour en
jour une semence plus féconde dans le champ du Seigneur !
Vivement émus, nous embrassâmes ces futurs martyrs en nous
recommandant à leur pieux souvenir.

Entre la colline de *Capo di monte* et celle de *Capo di chino* se
trouve un vallon dans lequel apparaissent sur un côteau et au
milieu de pins, le pittoresque couvent de *Santa Maria de' Monti*,
avec son dôme oriental, et les ruines du superbe aqueduc rougi
par le temps, et appelé de sa couleur Ponti rossi. Cet aqueduc
ouvrage du temps d'Auguste conduisait les eaux de *Sebeto* à trente cinq milles de Naples jusqu'au pont de Misène. Une végétation sauvage et luxuriante le domine et l'enveloppe ; le ché-

vrier et son troupeau en parcourent les arcades, et ce monument qui subsiste encore offre un nouveau témoignage de la puissance du peuple-roi.

En descendant la colline nous nous dirigeâmes vers l'université. Cet établissement fondé, en 1224, par l'empereur Frédéric, roi de Naples, occupe, depuis 1780, le magnifique collége du couvent des Jésuites. Cinq facultés forment son ensemble : ce sont la théologie, la jurisprudence, les sciences physico-mathématiques, la médecine, la philosophie et la littérature. Aux facultés est adjointe une école médico-chirurgicale, dotée de quinze chaires d'enseignement.

Le recteur de l'université, qui est toujours un ecclésiastique, dirige et surveille l'instruction. Un conseil, composé de six professeurs, l'assiste, et d'accord avec lui, recherche tout ce qui peut améliorer les études dans leurs divers degrés.

L'enseignement se donne en langue italienne. La faculté de médecine a plus de deux mille élèves, non compris les pharmaciens. La collection minéralogique est bien riche, mais le cabinet zoologique est dans un tel état de dégradation, que nulle part on ne peut trouver tant de misère et de désordre réunis. La plupart des mammifères y sont rongés par la vermine; et chose inconcevable, on n'y trouve presque pas de poissons, pas même ceux de la méditerranée.

L'université a aussi un lycée ou collége pour les humanités. Les professeurs doivent faire imprimer les instructions et les traités qu'ils ont composés et qui servent de base à leur enseignement. Tous les huit jours, ces professeurs convoquent les étudiants à des conférences, où ils jugent de leurs progrès. A son tour, le censeur fait attention à ce que le corps du professorat remplisse exactement son devoir. Cet office appartient

alternativement à chaque professeur pendant une semaine.
Ainsi, une exacte surveillance s'exerce sans relâche sur tous les
membres de l'université. On ne peut trop louer la mesure qui
oblige le corps professoral à se trouver présent aux conférences
hebdomadaires, qui sont en même temps, un frein puissant à
la paresse de quelques étudiants et qui évitent aux parents
d'inutiles sacrifices pécuniaires. Il serait à désirer que ce régle-
ment si sage s'introduisît dans les colléges des autres pays.

Quant à l'instruction élémentaire, le gouvernement exige
que, dans toutes les communes, il y ait, au moins, une école
primaire pour les garçons. A Naples, toutes les paroisses
ont la leur ; à chacune sont adjoints des ecclésiastiques.
On y enseigne le catéchisme, la lecture, l'écriture, l'arith-
métique élémentaire et les devoirs sociaux. Chaque école est
inspectée par le curé, qui, deux fois par an, est obligé d'envoyer
ses observations au président de l'instruction publique. Il y a à
Naples des écoles gratuites pour les jeunes filles. Elles sont tenues
par une maîtresse et deux assistantes. Il en existe aussi dans
les centres de population de quelque importance. L'enseignement est le même que celui qui est donné aux garçons, mais on
y ajoute l'économie domestique. Les écoles des deux sexes ont
les mêmes inspecteurs, et tous les mois les maîtresses doivent
remettre au président, par l'intermédiaire du curé, un état du
nombre, du travail et des progrès de leurs élèves. Tous les ans,
ces élèves subissent des examens, et, outre les prix qu'on leur
accorde, il y en a qui sont réservés aux instituteurs et aux insti-
tutrices dont les classes se sont distinguées aux concours.

En allant à Naples, nous nous étions surtout proposés d'étudier les mœurs de ses habitants, dont on a tant parlé, les uns
avec une acrimonie caustique, et les autres avec une indulgence

qui ferme les yeux sur tous les vices. Nous voulions connaitre
par nous mêmes ce peuple si spirituel, si léger, si insouciant ;
nous voulions l'étudier sous toutes ses faces et dans les monuments qu'il a élevés, et dans son histoire, et dans sa vie publique, et surtout dans le goût qu'il manifeste pour la culture des
beaux-arts. Nous avions vu ce peuple à la fois peintre, sculpteur et architecte dans ses belles églises et ses superbes palais,
sur les places publiques nous l'avions admiré comme poète ;
nous voulûmes encore le connaitre comme musicien dans son
conservatoire de musique.

Cet établissement a eu tant de célébrité dans le monde, qu'il
conserva, pendant une longue période, une supériorité incontestable dans l'art du chant. C'est l'Italie qui la première a
ouvert des écoles, dont la méthode a concouru à la formation
sans cesse renouvelée des chanteurs de premier ordre.

La fondation de ce conservatoire a quelque chose de vraiment
extraordinaire ; elle est due à un prêtre espagnol, nommé Gio-
vanni Tappia qui le premier en conçut l'idée. C'était d'autant
plus étrange que les moyens d'exécution manquaient totalement
au pauvre prêtre. Ce qui eut été pour tout autre un obstacle
insurmontable, ne fut pour lui qu'un aiguillon plus puissant.
S'armant de courage il parcourut pendant neuf ans consécutifs
toutes les parties de l'Europe, quêtant pour ce bel institut. En
1537, il revint à Naples, bâtit un palais pour les jeunes néophytes
au culte de la muse. Les succès obtenus par le prêtre espagnol,
furent si grands que le conservatoire de *sainte Marie di Loretto*
ne suffit plus pour recevoir tous les élèves qui se présentaient ;
on fut obligé d'en instituer un second sous le nom de *San Ono
frio di Capouana*, et puis un troisième appelé *della pietà dei
Tarchini ;* ce dernier, organisé par une société de savants fut réu-

nis plus tard à l'établissement de *San Onofrio,* et c'est de cette
fusion que naquit le célèbre conservatoire qui a fourni à l'Europe de si grands artistes. Le nombre des élèves s'était accru
d'une manière si extraordinaire que les fonds ne purent suffire
à leur entretien. Dans cet embarras, on imagina de tirer parti
des élèves eux-mêmes, en les utilisant dans les églises. Rien
n'est plus curieux que la rivalité qui jadis s'éleva entre ces
conservatoires. Cette rivalité occasionna même dans plusieurs
circonstances des scènes fâcheuses dans lesquelles la force
publique fut souvent obligée d'intervenir.

Au commencement du dix-septième siècle, l'école napolitaine
prit un essor prodigieux et se plaça à la tête de toutes les autres
par le nombre et le mérite des compositeurs. Léon François
Duranto et Porpora, illustres élèves d'Alexandre Scarlatti et de
Gaetano Greco ; Jeo, Léonard da Vinci devinrent les chefs de
cette école, d'où sortirent successivement des hommes du premier ordre, tels que les Pergolesi, Caraffo, Iomelli, Piccinni,
Sacchini, Trajetta, Majo, Paësiello, Cimarosa, Zingarelli, Mercadante, Bellini, enlevé si jeune à l'art musical, Farinelli, Caraffelli, Crescentini et tant d'autres illustres maîtres.

Le nombre des élèves du conservatoire est de cent : ils sont
instruits dans la musique vocale ou instrumentale, suivant leurs
dispositions. La riche bibliothèque possède un grand nombre
de compositions musicales autographes de Paësiello, qui les a
léguées à ce conservatoire.

Rien n'est plus solennel que le sublime *miserere* de Zingarelli,
chanté dans l'église du conservatoire le mercredi, le jeudi et le
vendredi de la semaine sainte par quatre-vingts voix sans
aucun accompagnement de musique.

Pendant notre visite les élèves répétaient avec une justesse admirable l'ouverture des *Martyrs* du célèbre et infortuné Donizetti, qui pendant plusieurs années y enseigna la composition.

Donizetti, mort à Bergame, à l'âge de cinquante ans, appartient en ligne droite à cette école qui a produit Rossini, et sa musique est d'une mélodie aussi suave que celle de ce grand maître. Donizetti était un harmoniste du premier ordre, qualité éminente qu'il devait aux profondes études qu'il avait faites des maîtres allemands. Sa trop grande facilité dont on lui a fait un reproche a eu de si beaux résultats qu'on doit s'en réjouir à juste titre. Ses compositions musicales forment plus de quatre-vingt partitions, sans compter ses innombrables morceaux de musique de salon.

Tous nos lecteurs savent de quelle manière s'est éteint un des plus grands génies musicaux de notre époque : le pauvre Donizetti est mort atteint d'aliénation mentale.

Naples, dimanche 19 avril.

Oh ! comme avec transport le pieux voyageur
Cherche le temple saint qu'habite le Seigneur !
Sa prière se mêle à la voix des cantiques
Que la religion chante sous ses portiques.
                                   Soumet.

On aime à s'arrêter dans les églises de Naples, à y interroger les nombreux souvenirs qu'elles éveillent et qui font tant d'honneur à la piété d'une ville, qui malgré les vicissitudes continuelles, auxquelles elle fut en proie, a su conserver sa foi avec ses pieux monuments. Que de souvenirs sacrés se pressent en foule dans ces sanctuaires dont les ornements sont si riches.

L'église de *san Lorenzo*, fondée, en 1266, par Charles d'Anjou, le fier conquérant de la Sicile, après sa victoire sur Manfred, à Bénévent, renferme cinq tombeaux de la dynastie des Duras, qui commença en la personne de Charles III, à la déchéance de la reine Jeanne de Naples. Le mausolée de Catherine d'Autriche, épouse du duc de Calabre, et celui de Marie, fille de Charles III, méritent le plus d'attention. Derrière le maître-autel se trouve celui qu'éleva la reine Marguerite à son père Charles, étranglé par Louis, roi de Hongrie, vengeur impitoyable de son frère André.

La chapelle du Rosaire, enrichie de lapislazzuli, de topazes, de jaspes et d'autres pierres précieuses, est une merveille au milieu de toutes les merveilles de Naples. L'homme pieux, qui a fondé cette chapelle et qui s'appelait Jean Camille Cacace, y repose avec son épouse dans un mausolée, orné de leurs bustes en marbre, création fort belle du ciseau du célèbre André Bolgi da Carrara. Le tableau de l'autel qui représente la *sainte Vierge donnant le Rosaire à saint Dominique*, n'est pas au-dessous de la réputation du chevalier Massimo.

Dans le beau couvent des Franciscains se voit le bas-relief du tombeau de Louis Altimoresca, sculpté, en 1421, par l'abbé Bambocci; cette production quoique surchargée de figures, offre quelques indices d'un rare talent.

Ce fut dans le réfectoire de ce couvent que jadis les seigneurs, barons et autres dignitaires du royaume s'assemblaient tous les deux ans, pour se consulter sur le don gratuit qu'ils avaient coutume d'offrir au roi.

Sainte Claire, la plus élégante des églises de Naples, fut fondée, ainsi que le couvent dont elle dépend, en 1310, par Robert, roi de Naples et par son épouse Sancha, reine d'Aragon. Elle sert aujourd'hui de lieu de sépulture à la famille régnante, mais les tombes de la maison d'Anjou l'y ont précédée. Cinq de ces mausolées sont curieux sous le rapport de l'histoire et de l'art : celui du roi Robert, que ce prince avait commandé de son vivant à Massuccio II, est le plus remarquable. La grande antiquité et le beau travail en font un des plus singuliers mausolées de l'Italie. Le prince y est représenté deux fois ; d'abord assis et en costume royal, ensuite couché et en habit de franciscain. L'inscription porte :

CERNITE RUBERTUM REGEM VIRTUTE REFERTUM.

Ce prince surnommé le sage fut vaillant capitaine, grand protecteur des sciences, auteur et savant lui-même. Son enthousiasme pour les belles lettres lui faisait dire : « que les lettres lui étaient plus douces et plus chères que le trône même. »

Le tombeau de Jeanne de Naples est tout près du beau mausolée de son père, le duc de Calabre, fils du roi Robert, appelé Charles *l'Illustre*, qui mourut jeune et n'occupa jamais le trône. Comment, après le meurtre odieux de son mari, André de Hongrie, et malgré ses mœurs suspectes, Jeanne fut-elle de son vivant et longtemps après sa mort, toujours populaire? Eut-elle à l'affection du pays des titres que nous ignorons? C'est un problème historique resté jusqu'à présent sans solution. On pourrait cependant se hasarder à dire que, sortant des rois devenus indigènes par la succession des temps, Jeanne représentait la nationalité napolitaine, tandis qu'André et les Hongrois, accourus sur ses pas, étaient des étrangers dont les habitudes sémi-barbares ne pouvaient manquer de choquer les mœurs italiennes. Le peuple craignait probablement de voir tomber le sceptre en leurs mains.

Sur ce mausolée, la reine Jeanne est représentée portant un manteau parsemé de fleurs de lis et la couronne sur la tête. On y lit l'inscription suivante :

INCLYTA PARTHENOPES JACET HIC REGINA JOANNA

PRIMA, PRIUS FELIX, MOX MISERANDA NIMIS.

QUAM CAROLO GENITAM MULCTAVIT CAROLUS ALTER,

QUA MORTE ILLA VIRUM SUSTULIT ANTE SUUM.

MCCCLXXXII. XXII. MAII.

Sur le mausolée de Charles *l'illustre*, on a gravé ces mots :

HIC JACET PRINCEPS ILLUSTRIS D. CAROLUS PRIMOGENITUS

SERENISSIMI DOMINI NOSTRI D. ROBERTI,

DEI GRATIA HIERUSALEM ET SICILIÆ REGIS INCLYTI,

DUX CALABRIÆ, ET PRÆFATI DOMINI NOSTRI REGIS

VICARIUS GENERALIS, QUI JUSTITIÆ PRÆCIPUUS

ZELATOR ET CULTOR, AC REIPUBLICÆ STRENUUS DEFENSOR;

OBIIT AUTEM NEAP. CATHOLICE RECEPTIS SACROSANTÆ

ECCLESIÆ SACRAMENTIS, ANNO DOMINI MCCCXXVIII.

INDICT. XII. ANNO ÆTATIS SUÆ XXX. REGNANTE

FELICITER PRÆFATO DOMINO NOSTRO REGE, REGNORUM

EJUS ANNO XX.

Dans la chapelle *San Felice*, une des principales de l'église,
se trouve un bon tableau de Lanfranco : *Le Christ en croix* et
un tombeau antique, orné de superbes bas-reliefs, dans lequel
repose César de San Felice, un des ducs de Rhodes. Cette
famille prétend descendre des Normands qui commencèrent la
conquête de la Sicile sur les Sarrasins.

D'après le conseil de Boccace, le roi Robert fit orner ce beau
temple de fresques par Giotto ; mais un magistrat espagnol,
administrateur de l'église, la fit blanchir en la restaurant, afin
de donner du jour au monument. Un seul de ces tableaux,
représentant *la Vierge*, échappa à cet affreux badigeonnage.
Quels que soient les ravages que le temps a exercés sur cette
œuvre, on y retrouve tout le talent du véritable restaurateur de
la peinture italienne, de celui qui peut-être eut égalé Raphaël
s'il avait vécu à la même époque.

Le clocher de Sainte Claire jouit d'une grande réputation et
passe pour le chef-d'œuvre de Massuccio. A la troisième galerie
on admire l'heureuse innovation du chapiteau ionique, dont

l'artiste napolitain doit partager l'honneur avec Michel Ange. Il est à regretter que par suite de la mort du roi Robert, ce monument soit resté inachevé.

Parmi les autres églises de Naples, l'artiste chrétien visite avec intérêt l'*Incoronata*, riche en peintures de Giotto ; *le mariage de la reine Jeanne* et *les sept Sacrements*, ceux de ses ouvrages qui sont le mieux conservés, montrent les talents de ce grand maitre.

Dans sa jeunesse, ce célèbre artiste garda les troupeaux aux environs de Florence. Doué par la nature d'un grand génie, il s'amusait à dessiner les moutons. Ces essais ne manquaient pas d'expression. Cimabuë, peintre très renommé de ce temps, se promenant dans le village de Vespignano, le trouva se livrant à son penchant irrésistible pour la culture de l'art, le prit en affection, l'emmena en ville, où l'élève profita si bien des leçons du maitre, qu'il surpassa bientôt Cimabuë, et qu'il devint un des artistes les plus renommés de son époque.

L'église de *san Maria della pietà de' Sangri*, ne doit le céder à aucune autre, sous le rapport de l'antiquité, de la richesse, de ses marbres et de l'éclat de ses ornements. Parmi les chefs-d'œuvre en sculpture, on admire surtout : le *vice détrompé*, sous la figure d'un homme qui cherche à se débarrasser d'un grand filet, qui l'enveloppe ; les mailles du filet en marbre. rendues au naturel, offrent des beautés réelles.

Ce fut dans le noble couvent de *monte Olivete*, fondé, en 1411, par Gurrello Origlia, que le Tasse souffrant et infortuné, trouva une bienveillante hospitalité. Le malheureux poète y composa par reconnaissance, malgré sa santé chancelante, le poème sur *l'origine della congregazione di monte Oliveto*, ouvrage inachevé, mais qui montre tout le parti que ce grand génie pouvait tirer de l'Ecriture sainte et de l'histoire monastique.

Ce couvent est aujourd'hui le siége des tribunaux, de la municipalité et d'autres administrations. L'église restée intacte offre un véritable musée de sculptures. Les élégants ouvrages exécutés à la chapelle *Liguori* et surtout le *saint François de Paule* et *les quatre Evangelistes*, font partie des plus belles œuvres dues au ciseau hardi et distingué de Jean de Nola.

Parmi les monuments qui décorent l'église de *saint Jean Carbonara*, on admire surtout le superbe et vaste mausolée de Ladislas, roi de Naples, chef-d'œuvre de Ciccione. La statue de ce prince, placée au sommet de ce monument, l'épée au poing, le représente monté sur son cheval de bataille et rend très-bien l'ardeur du jeune conquérant italien, qui, ayant pris le titre de roi de Rome, et aspirant à dominer dans toute la Peninsule, projeta d'enlever la couronne impériale et avait fait mettre d'avance sur ses drapeaux :

AUT CÆSAR, AUT NIHIL.

Sur le mausolée on lit ces quatre vers :

IMPROBA MORS, HOMINUM HEU SEMPER OBVIA REBUS !
DUM REX MAGNANIMUS TOTUM SPE CONCIPIT ORBEM,
EN MORITUR, SAXO TEGITUR REX INCLYTUS ISTO.
LIBERA SYDEREUM MENS IPSA PETIVIT OLYMPUM.

Ladislas était fils de Charles III de Duras, qui conquit le royaume de Naples sur Jeanne I. Charles fut assassiné, en 1386, en Hongrie, où il était allé à la conquête d'un nouveau trône. Resté à Naples sous la tutelle de Marguerite de Duras, sa mère, Ladislas avait dix ans, lorsqu'il fut proclamé roi ; mais cette royauté qui lui advenait de si bonne heure, il lui fallut aussi la conquérir par la force des armes. A peine la nouvelle de la mort de Charles fut-elle portée dans le royaume de Naples, que tout le parti de la maison d'Anjou se leva pour venger Jeanne I et assurer la couronne à Louis II, fils du prince qu'elle avait désigné pour son héritier. Ces diverses prétentions causèrent des guerres sanglantes. Marguerite assiégée dans sa capitale, s'enferma à Gaëte avec son fils, qui passa sa première jeunesse au milieu de ces dissensions intestines. Pendant ce temps, son compétiteur, Louis II, avait pris possession de Naples et reçu de ses barons le serment de fidélité. Enfin, en 1392, Ladislas commença à relever son parti du profond abaissement où il le voyait tombé. La fortune se rangea de son côté, et, en 1399, Naples lui ouvrit ses portes et Louis II fut contraint, après une valeureuse résistance, de retourner en Provence et de remettre toutes les forteresses au parti de Duras.

Le schisme qui désolait dans ces temps l'Église, semblait à Ladislas une occasion favorable d'étendre les frontières de son royaume de Naples. Il excita les Romains à la révolte contre le Pape Innocent VII, et au mois d'avril 1408, il s'empara de Rome et des villes voisines. Ne doutant pas de soumettre en peu de temps toute l'Italie, il fit des préparatifs pour envahir la Toscane ; mais la hardiesse et la constance des Florentins l'arrêtèrent dans sa marche. Ils rappelèrent en Italie Louis II d'Anjou, lui procurèrent une nouvelle armée et vainquirent Ladislas à *Rocca secca*, le 19 mai 1411. Louis d'Anjou ne sut pas profiter de cette victoire, qui aurait pu coûter la couronne à son rival ; il le laissa, au contraire, se relever de sa défaite. Celui-ci menaçait de nouveau l'Italie entière, lorsqu'il fut atteint à Pérouse d'une maladie, que l'excès de ses débauches

parait avoir occasionnée, et qui l'empêcha de poursuivre ses
ambitieux projets. En proie à des souffrances insupportables,
il se fit transporter en litière à Rome et là il s'embarqua sur
le Tibre pour se rendre à Naples, où il ne fut pas plutôt
arrivé, qu'il mourut, le 6 avril 1414, après un règne de vingt-
huit ans, qui forme l'une des périodes les plus sanglantes de
l'histoire de Naples.

Au même endroit où se trouve cette intéressante église, se
renouvelaient, au quatorzième siècle, les combats des gladiateurs, exécutés en présence de Jeanne, du roi André, de la
cour, de l'armée et du peuple. Ce trait de mœurs bien extraordinaire, tant de siècles après l'établissement du christianisme,
souleva à bon droit l'indignation de Pétrarque : « Tout-à-coup,
dit-il dans une de ses lettres, et comme si quelque heureux
événement venait d'arriver, des applaudissements pleins d'enthousiasme s'élèvent de toutes parts. Je regarde et voilà qu'un
jeune homme roule à mes pieds, percé d'un glaive. Épouvanté,
je donnai l'éperon à mon cheval et je m'enfuis loin de ce spectacle barbare. » (*)

L'ancienne bibliothèque de *saint Jean de Carbonara,* fondée
par le cardinal Jérôme Scripandi, auquel Janus Parrhasius
avait légué ses manuscrits grecs et plusieurs de ses propres
manuscrits inédits, a cessé d'exister depuis plus d'un siècle. La
partie principale, dans laquelle se trouvait le manuscrit de la
Jérusalem délivrée du Tasse, fut transportée à Vienne, en 1792,
où elle se voit encore ; le reste a passé dans la bibliothèque
royale de Naples.

Dans un autre quartier de la ville, nous trouvons l'église de

(*) Lib. V. Ep. 57.

saint Jacques des Espagnols, décorée de la tombe de son fondateur, le vice-roi, don Pierre de Tolède ; tout y rappelle la
domination des Espagnols dans ces contrées.

Ce mausolée est un des ouvrages les plus beaux et les plus
importants de Jean de Nola : les statues des angles sont de
parfaits modèles de figures allégoriques ; les bas-reliefs prouvent
l'habilité de l'artiste dans la perspective propre à ce genre de
sculpture. On y lit cette pompeuse inscription :

PETRUS TOLETUS FREDERICI DUCIS ALVÆ FILIUS,

MARCHIO VILLÆ FRANCIÆ, REGNI NEAP. PROREX,

TURCAR. HOSTIUMQUE OMNIUM SPE SUBLATA,

RESTITUTA JUSTITIA, URBE, MOENIIS, ARCE, FOROQUE

AUCTA, MUNITA ET EXORNATA. DENIQUE TOTO REGNO

DIVITIIS ET HILARI SECURITATE REPLETO,

MONUMENTUM VIVENS IN ECCLESIA DOTATA,

ET A FUNDAMENTIS ERECTA PON. MAN. VIX. ANN. LXXIII.

REXIT XXI. OBIIT MDLIII. VII. KAL. FEBR.

MARIÆ OSORIO PIMENTEL CONJUGIS CLARISS.

IMAGO, GARSIA REG. SICIL ; PROREX,

MARISQUE PRÆFECTUS, PARENTIB. OPTIM. P. MDLXX.

L'antique église de *san Petro d'ara* rappelle aux Napolitains
le plus doux et le plus touchant souvenir. La chapelle près de
la porte d'entrée marque le lieu qu'habita le prince des apôtres,
pendant qu'il prêchait à Naples et où, suivant la tradition, il
offrit les saints mystères. On y lit ces deux inscriptions :

SISTE, FIDELIS, ET PRIUS QUAM TEMPLUM INGREDIARIS,

PETRUM SACRIFICANTEM VENERARE. HIC ENIM

PRIMO, MOX ROMÆ FILIOS PER EVANGELIUM GENUIT,

PANEQUE ILLO SUAVISSIMO CIBAVIT.

» Arrête, chrétien, et avant d'entrer dans le temple, honore l'apôtre Pierre, offrant l'auguste Victime de l'autel. C'est ici d'abord et ensuite à Rome, qu'il conquit un grand nombre de disciples à l'Evangile et qu'il les nourrit de ce pain délicieux. »

L'autre inscription, dans le style antique, est ainsi conçue :

QUOD. PRIMA. IN. LATIO. CHRISTO. PIA. COLLA. SUBEGI.
PARTHENOPE. HÆC. PETRI. PRÆSTITIT. ARA. FIDEM.

» Cet autel de saint Pierre est la preuve que moi, Parthénope, ai, la première dans le *Latium,* courbé la tête sous le joug du Christ. »

Ainsi, les générations qui viendront tour à tour s'agenouiller dans cette pieuse enceinte apprendront que l'heureuse nouvelle de l'Evangile a été annoncée à leurs pères par les soins infatigables du prince des apôtres, qui, le premier, les a régénérés en Jésus-Christ. Le paganisme gravait jadis ses hauts faits sur ses monuments sacrés ; mais ses temples s'écroulant avec leurs dieux, n'ont plus laissé que des débris. La nation chrétienne grave les siens sur le marbre des églises du Christ, roi immortel des siècles !

De la chapelle nous passâmes à l'oratoire souterrain de sainte Candide. En même temps que ces antiques édifices, ces dalles noircies, cette forme antique, reportent la pensée aux jours de la primitive Église, le souvenir des saintes prières, des larmes pieuses, des souffrances et des vertus dont ces lieux furent les témoins, produit sur le cœur une impression de piété que la parole ne peut rendre.

Doublement heureux, et de ce que nous avions vu, et de ce que nous allions voir encore, nous passâmes au *Gesu nuovo.*

Le couvent des Jésuites, contigu à cette église, renferme la pauvre cellule, où brillèrent, pendant quarante ans, les vertus du père Gerolimo, que Grégoire XVI a solennement inscrit au catalogue des saints. On se rappelle que cet homme apostolique, bénissant un jour saint Alphonse de Liguori, encore enfant, disait dans un transport de joie à la mère de ce petit ange : « Cet enfant parviendra à une grande vieillesse, il verra sa quatre-vingt-dix-neuvième année ; il sera évêque, et Jésus-Christ se servira de lui pour opérer de grandes choses ; je serai au ciel avant lui, mais nous serons canonisés le même jour ! » L'événement a prouvé que le saint fut prophète.

Le corps de saint Gerolimo repose dans la magnifique église de ce couvent. Ce temple fut érigé, en 1584, sur l'emplacement du palais de Robert Sanseverino, prince de Salerne. Un des murs de cette féodale demeure lui sert encore de façade, et par ses lignes sévères présente un singulier contraste avec l'élégance de l'intérieur. L'église est bâtie en forme de croix grecque; au point d'intersection des branches, s'élevait jadis un dôme peint par Lanfranco ; on dit que c'était un de ses plus beaux ouvrages; *les quatre évangélistes* qui se voient encore sur les pendentifs sont de véritables chefs-d'œuvre. Le tremblement de terre de 1688 fit écrouler le reste de la coupole. La chapelle de saint Ignace possède six magnifiques colonnes de marbre africain, et les statues de David et de Jérémie par Cosimo ; dans celle de sainte Anne se trouve une fresque de Solimène, qu'il peignit à l'âge de dix-huit ans. Son *Héliodore chassé du temple*, vaste composition qu'on découvre au-dessus de la grande porte, est expressive, mais trop confuse. Les fresques de la voûte et le tableau de la chapelle de la Sainte Trinité sont du Guerchin ; on y admire surtout la vigueur du coloris.

Dans ce saint lieu on vénère aussi une partie des reliques de
sainte Philomène renfermées dans une brillante châsse, faite
sur le modèle de celle qu'on voit à Mugnano. Le culte de cette
sainte est devenu l'un des plus populaires de l'Italie. C'est à Naples surtout que sa mémoire est bénie et révérée. Dans cette
grande cité, il n'est pas une église qui n'ait une chapelle consacrée à sainte Philomène. L'image de la sainte se retrouve dans
presque toutes les maisons et sur tous les murs de la cité. Dans
la grande rue de Tolède, on ne peut faire un pas sans rencontrer
le souvenir de la jeune martyre. Elle brille au fond de ces
petits temples de verdure et de fleurs, qu'une industrie gracieuse construit, au-dessus des larges tables chargées des fruits
du citronnier, si chers au peuple napolitain. Elle brille encore en
guise d'armes de noblesse, sur ces légères voitures qui sillonnent, à toute heure, cet étourdissant quartier, et qui d'une course
rapide, emportent le voyageur à Baïes, à Pouzzoles, au pied du
Vésuve ou vers les ruines de Pompeï. Ainsi, le souvenir si
doux, si touchant de sainte Philomène, est ici mêlé à tous les
actes de la vie ; ce souvenir amène toujours quelques pensées
du ciel parmi les pensées de la terre. Qu'il est donc sublime et
fécond ce culte populaire des saints dont l'Italie connaît si bien
le secret ! (*)

Dans le monastère des pères Théatins, on trouve encore des
vestiges du théâtre sur lequel Néron faisait l'essai de ses talents
dramatiques avant de se produire sur la scène, pour y chanter
des vers de sa composition (**). De ce monument de folie
impériale, il ne reste que des ruines défigurées. Mais un sou-

(*) La Vierge et les saints en Italie.
(**) Tacit. Annal. libri XV; cap. 55.

venir bien précieux pour le voyageur chrétien, est la cellule de
saint André d'Avellino, où rien n'a été changé. Les pauvres
meubles qui furent à son usage, ses livres, son écritoire, sa
chaise de bois et quelques manuscrits de sa main y sont pré-
cieusement conservés. Cette pauvreté évangélique remplit l'âme
de douces émotions qu'on chercherait en vain dans les palais
somptueux des grands de ce monde.

Près de la porte principale de l'église des Théatins, se trouvent deux colonnes antiques qui faisaient partie du temple de
Castor et *Pollux*, bâti sur ces lieux par Julius de Tarse, affran-
chi de Tibère. Tout le portique, de même que l'escalier de
marbre qui y conduisait, fut renversé par le tremblement de
terre de 1688, qui fit tant de ravages à Naples.

Lorsque, écartant le rideau mystérieux qui, en Italie, voile
l'entrée de tous les temples, on entre dans ce sanctuaire, on est
frappé du luxe merveilleux des colonnes, des fresques, des
marbres et des dorures, qui le rendent un des plus riches et
des plus splendides de la cité. Le tabernacle du maître-autel,
en métal doré, est enrichi des pierres les plus précieuses et
orné de petites colonnes de jaspe.

La chapelle du prince de *Sainte Agathe*, ouvrage digne
d'admiration, tant par la belle architecture, que par les sculptures, est toute resplendissante des dons que la main reconnaissante des fidèles y a suspendus pour honorer la Reine
des anges.

L'oratoire où reposent les restes précieux de saint Gaétan,
fondateur des Théatins, mort, en 1547, est tout orné de bas-
reliefs en argent, d'un travail fini, qui rappellent les traits
principaux de la vie de ce grand serviteur de Dieu. On aime à
voir ce pieux patriotisme qui, pour immortaliser le souvenir

des belles actions, les retrace sur les murs des édifices religieux.

Les deux grands tableaux de la sacristie : la *conversion de saint Paul* et la *chûte de Simon le magicien*, sont des chefs-d'œuvre de Solimène; on y reconnait le génie poétique de ce grand maître qui savait rendre ses idées avec une sublimité d'expression étonnante. Il avait une touche ferme et savante, un coloris frais et vigoureux.

En examinant avec attention les églises de cette cité, on convient que ce fut dans les siècles de foi, que les plus grands génies de l'Italie, ont rivalisé de zèle pour les orner et qu'ils ont produit le plus de chefs-d'œuvre. Cette heureuse harmonie de la religion, fille du ciel, avec les arts, exerçait alors une influence salutaire sur le développement du génie. Quel foyer plus pur, plus ardent, pouvait en alimenter les inspirations! N'est-ce pas le souffle religieux qui inspira des idées, pleines d'une chaleureuse poésie, au bienheureux fra Angelo de Fiesole, à Raphaël, à Michel-Ange et à tant d'autres artistes devenus l'éternelle gloire de l'Italie!

Dans ces temps heureux, les chrétiens exprimaient simplement ce qu'ils sentaient, ce qu'ils éprouvaient au milieu de la société, où se développait leur talent. Ne vivant pas à une époque animée d'une foi aussi vive, nos artistes n'ont plus ces inspirations poétiques qu'on retrouve dans les œuvres des grands maitres des siècles passés.

En retournant à notre hôtel, nous vimes des prédicateurs en plein air, montés sur le *Palco,* espèce d'estrade en simples planches; ils tenaient une croix à la main et annonçaient avec feu la parole de Dieu.

Un nombreux auditoire entourait les orateurs : le plus grand silence et une attention soutenue y régnaient. Ni le bruit des *carricoli*, ni les conversations des passants distrayaient cette foule attentive. Après le sermon tout le monde se dispersait dans le plus profond recueillement. Cette manière de prêcher, dont est frappé tout étranger, qui en est témoin pour la première fois, ne produit à Naples aucun inconvénient; chacun respecte cette coutume nationale, preuve palpable que la religion n'est point ici regardée comme un vain mot, mais comme une constante réalité. Du reste, la foi des Napolitains est proverbiale en Italie. Grégoire XVI disait à quelqu'un : « Puisque vous allez à Naples, apportez moi un peu de la foi Napolitaine! » « *apportate mi un poco di fede Napolitana!* »

Naples, dimanche 19 avril, 7 heures du soir.

Du Vésuve en fureur on voit trembler la cime,
Un tonnerre inconnu gronde au sein de l'abîme ;
La montagne de feu se couronne d'éclairs :
L'orage souterrain éclate dans les airs,
Lance des tourbillons de cendre et de fumée,
Et du gouffre jaillit une gerbe enflammée.
                                    Delphine Gay.

La première excursion, que nous fîmes aux environs de Naples, fut consacrée au Vésuve. C'est un tribut que l'on s'empresse de payer à ce sentiment qui pousse l'homme vers tout ce qui est mystérieux et effrayant. D'ailleurs quand la curiosité a été longtemps stimulée, grâce à ce prestige dont l'imagination sait embellir les choses qui nous sont inconnues, pouvons nous, dès que l'occasion se présente de le voir, résister au désir de contempler de nos yeux, cet objet qui a été notre rêve d'enfance et qui a, si souvent peut-être, charmé notre esprit à des moments de mélancolie et de solitude ?

Trois chemins conduisent au Vésuve. L'un s'ouvre au nord, du côté de *Saint-Sébastien* et de *Somma ;* le second à l'occident, commence à Resina ; le troisième à l'orient, du côté d'Ottaiano. Le chemin de Resina est le plus fréquenté et en même temps le plus difficile.

La forme du Vésuve est pyramidale. Cette montagne s'élève comme un phare gigantesque, entre la mer et la chaîne des Apennins, dont elle est entièrement séparée par de profondes vallées.

En quittant Naples, et en prenant la route par Resina, on passe devant le *Gromili*, immense édifice dont la longue façade est éclairée par quatre-vingt-sept fenêtres. Charles II fit jadis construire ce vaste bâtiment pour servir d'entrepôt aux approvisionnements de la ville. Mais la destination du *Gromili* est aujourd'hui changée ; il est devenu une caserne d'infanterie. Nous y vîmes quelques régiments qui partaient pour le champ de Mars, vaste plaine près de Naples. Le roi Ferdinand, qui aime tant ses soldats et qui s'intéresse à connaître tous les détails de son armée, en faisait lui-même l'inspection. A partir de ce lieu, la route longe la mer et présente à l'œil charmé une longue suite d'élégantes villas, dans lesquelles la noblesse napolitaine va passer la belle saison. Après avoir traversé des bourgs riches et peuplés, on arrive à Resina, village construit sur la lave. C'est là qu'on voit gravée, sur un petit monument carré, l'inscription suivante, pour avertir la postérité des dangers toujours imminents que présente le terrible volcan :

POSTERI, POSTERI, VESTRA RES AGITUR.

DIES FACEM PRÆFERT DIEI, NUDIUS PERENDINO.

AVERTITE : VICIES AB SATU SOLIS, NI FABULATUR HISTORIA.

ABSIT VESUVIUS, IMMANI SEMPER CLADE HÆSITANTIUM :

NE POSTHAC INCERTOS OCCUPET, MONEO.

ITERUM GERIT MONS HIC, BITUMINE, ALUMINE.

FERRO, SULPHURE, AURO, ARGENTO, NITRO,

AQUARUM FONTIBUS GRAVEM : SERIUS, OCIUS

IGNESCET, PELAGOQUE INFLUENTE PARIET ;

SED ANTE PARTURIT. CONCUTITUR, CONCUTITQUE SOLUM.

FUMIGAT, CORUSCAT, FLAMMIGERAT, QUATIT AEREM,

HORRENDUM IMMUGIT, BOAT, TONAT,

ARCET FINIBUS ACCOLAS.

EMIGRA DUM LICET, JAM JAM ENITITUR,

ERUMPIT, MIXTUM IGNE LACUM EVOMIT ;

PRÆCIPITI RUIT ILLE LAPSU, SERAMQUE FUGAM

PRÆVERTIT. SI CORRIPIT, ACTUM EST, PERIISTI.

ANNO SAL. MDCXXXI. KAL. JAN.

PHILIPPO IV. REGE, EMMANUELE FONSECA,

ET ZUNICA COMITE MONTIS REGII PROREGE,

REPETITA SUPERIORUM TEMPORUM CALAMITATE,

SUBSIDIISQUE CALAMITATIS, HUMANIUS,

QUO MUNIFICENTIUS, FORMIDATUS SERVAVIT,

SPRETUS OPPRESSIT INCAUTOS ET AVIDOS.

QUIBUS LAR ET SUPELLEX VITA POTIOR.

TUM TU, SI SAPIS, AUDI CLAMANTEM LAPIDEM.

SPERNE LAREM, SPERNE SARCINULAS,

MORA NULLA, FUGE.

ANTONIO SUARES MESSIA, MARCHIONE VICI,

PRÆFECTO VIARUM.

» Postérité, postérité ! Il y va de votre salut. La veille
lambeau devant les pas du lendemain. Prenez garde
ois, depuis la création du soleil, si l'histoire ne me
e Vésuve s'est enflammé, enveloppant toujours da
ffroyable ruine ceux qui hésitaient à fuir. De peur c

tard, il ne profite de votre irrésolution pour vous perdre, je vous
avertis. Cette montagne est grosse de bitume, d'alun, de fer, de
soufre, d'or, d'argent, de nitre et de torrents d'eau. Tôt ou tard
elle s'enflammera et vomira ce qu'elle renferme. Mais auparavant elle entre pour ainsi dire en travail : elle s'ébranle et
ébranle la terre; fume, brille, lance des feux, mugit, se lamente,
tonne, et met en fuite les habitants d'alentour. Retire-toi tandis
que tu le peux. Déjà l'heure de l'enfantement est venue : la
montagne s'ouvre et vomit un fleuve de feu, qui se précipite et
devance les fuyards trop lents. S'il te saisit, c'en est fait, tu es
mort.

L'an 1631 de l'ère chrétienne, le seizième jour avant les calen-
des de janvier, sous le règne de Philippe IV, et sous Emmanuel
Fonseca et Gusman, comte de Monterey, vice-roi, les éruptions
des temps anciens s'étant renouvelées, et les avant-coureurs en
ayant été moins significatifs et moins nombreux que de coutume,
le volcan épargna ceux qui s'effrayèrent de ces symptômes ; il dé-
vora les imprudents qui n'y firent point attention et les hommes
avides à qui leurs pénates et leurs meubles furent plus chers
que la vie. Toi donc, si tu es sage, prête l'oreille aux cris de la
montagne ; méprise tes pénates, tes hardes; fuis sans retard!

Le marquis ANTONIO SUARES MESSIA,
préfet de la ville. »

Nous étions à peine arrivés en cet endroit que commencèrent les tribulations de notre voyage. Nous fûmes aussitôt entourés par une vingtaine d'hommes qui nous proposaient, à
l'envi, leurs chevaux, leurs mulets, leurs ânes et nous étourdi-
rent par la bruyante énumération de toutes les belles qualités
de leurs bêtes de somme. Les uns nous tiraient par le bras,

d'autres nous prenaient au collet ; force nous fut de me-
nacer de nos bâtons les trop officieux conducteurs. Les meilleurs guides, à qui l'on puisse se confier, sont les frères Salva-
tori. Cette famille jouit, de père en fils, du privilége d'accompagner les voyageurs dans la visite de la terrible montagne.
Les conditions arrêtées, le fouet retentit au-dessus des oreilles de nos mulets qui partirent au galop , et, nous voilà che-
vauchant, comme deux cavaliers errants, sur la monture du
monde la plus agréable. L'écho répétait au loin les chants de
notre conducteur, jeune homme frêle, à la taille élancée, à
la barbe peu fournie, mais ayant toutes les passions ardentes
qui sont l'apanage proverbial des habitants de ces contrées.
Devant nous marchaient quatre hommes tenant des torches
pour nous éclairer.

A peine a-t-on quitté Resina, qu'on commence à monter
entre deux champs bordés de part et d'autre de peupliers, de
figuiers , entrelacés de vignes souples et vigoureuses , qui
tantôt s'appuient et se suspendent à ces arbres, tantôt montent
et se soutiennent d'elles-mêmes au milieu des airs. Après avoir
joui, pendant une heure, de cette charmante traversée, nous
découvrimes la crête du volcan.On n'a plus sous les pieds qu'une
lave de couleur sombre, où s'élèvent çà et là des mamelons et
des amas de lave, comme pour éterniser le souvenir des capri-
cieuses et terribles fureurs de cet abîme de feu. Sa base, en
s'étendant par suite des alluvions effrayantes, qui se succèdent
en s'amoncelant sur les flancs de la montagne, prépare une
voie plus inclinée, une marche plus rapide aux éruptions qui
doivent suivre.

La lune était montée au milieu du firmament, lorsque nous
nous arrêtâmes à la station ordinaire, appelée l'*ermitage de san*

Salvador, espèce d'auberge, habitée par deux personnages en habits d'ermites. Un arbre, le dernier vestige de la végétation, est devant leur porte, et c'est à l'ombre de son pâle feuillage que les voyageurs ont coutume d'attendre que la nuit vienne, pour continuer leur route. Nous descendîmes de nos mulets pour y déguster du *Lacrima Christi*; mais on avait si atrocement falsifié ce délicieux nectar, que nos guides eux-mêmes dédaignèrent d'en approcher leurs lèvres.

On ne tarda pas à nous présenter deux gros volumes dans lesquels les voyageurs inscrivent ordinairement leurs noms. Nous avions composé quelques vers en souvenir de notre excursion ; mais quand nous vîmes les inscriptions et les dessins licencieux qui fourmillaient sur les registres dont l'usage est à tout le monde, nous ne voulûmes pas faire figurer notre nom sur ces pages révoltantes du cynisme le plus éhonté.

Non loin de l'auberge des ermites, logent des maréchaussées que sa majesté napolitaine entretient dans ce poste isolé, pour accompagner et protéger les voyageurs, qu'on pourrait, dépouiller et même assassiner au pied du Vésuve, sans qu'oreille humaine entendît leurs cris de détresse.

Après une halte d'une heure, nous nous remîmes en marche. Par un sentier très étroit, on descend dans un ravin profond qui protège l'ermitage contre les éruptions du volcan, puis on s'élève sur d'énormes couches de lave et l'on arrive en peu de temps au pied du Vésuve. Sur la gauche se dresse un pic dont la base est enracinée dans la montagne ; ce lieu est effrayant à voir ; mais bien plus triste est le souvenir qui s'y rattache et qui lui a donné sa dénomination de *Cône de Gautrey*. Un Français de ce nom s'y précipita volontairement pour y trouver la mort. Deux jours après, le Vésuve rejeta son cadavre mutilé

et brûlé. En cet endroit on met pied à terre, les bêtes de
somme ne pouvant aller plus loin; c'est au voyageur à gravir,
en s'aidant d'un bâton vigoureux, le flanc ardu de la montagne,
véritable limite entre la nature vivante et la région de feu.
Cependant la montée devient de minute en minute plus pénible
Déjà nos pieds ne foulent plus qu'une cendre légère qui glisse
sous nos pas. Nous nous estimons heureux, lorsque de temps
en temps nous rencontrons quelques pierres sur lesquelles le
pied trouve un appui plus ferme et plus assuré. Là, nous nous
asseyons pour jouir du spectacle de l'éruption dans tout l'effroi
qu'elle peut inspirer. Le volcan est depuis quelque temps en
pleine ébullition et lance, à chaque secousse, des nuages des
cendres et des pierres qui roulent jusque dans le ravin de lave
qui est au pied de l'ermitage. Les pierres calcinées et incan-
descentes pleuvent çà et là autour de nous en s'éteignant dans
les cendres. Rien ne nous arrête, nous gravissons péniblement
le dernier cône en enfonçant les pieds et les mains dans une
poussière épaisse et brûlante. Harassés de fatigue, nous arrivons
enfin, dix minutes avant minuit, au sommet du Vésuve qui
forme un plateau circulaire d'un quart de lieu de diamètre.

Vésuve. Minuit.

Le Vésuve en courroux, sous ses monts caverneux
Recommence à mugir avec un bruit affreux ;
Et déchaîne, en poussant une épaisse fumée,
Sous son gouffre tonnant la tempête enflammée..

              Castel.

C'est donc là ce formidable volcan qui brûle depuis tant de siècles, qui a consumé des villes entières et qui menace constamment de jeter sur la belle cité de Naples et sur les magnifiques campagnes environnantes le linceul de cendres dont on dépouille aujourd'hui Pompeia et Herculanum ! Quelles sinistres lueurs vaguent autour de ce cratère ! Quelle fournaise ardente flamboie au milieu ! Sous nos pieds se font entendre de sourds mugissements, semblables au roulement du tonnerre répété au loin par les échos. L'odeur du soufre nous suffoque, et telle est l'imminence du danger qui nous menace, que nous ne sommes séparés de la lave dévorante que par une couche peu épaisse de lave refroidie.

Du gouffre formidable s'échappe en ce moment, à travers une pluie de cendres et avec un fracas inouï, une immense

12

gerbe de feu : ce sont des millions d'étincelles qui jaillissent et
se croisent; ce sont des faisceaux de flammes qui s'élancent et
se fouettent; c'est une grêle de pierres, noires ou ardentes, qui
s'échappent avec fureur du cratère et qui s'en vont rebondir à
une immense distance de l'abime qui les a vomies. Rien n'approche de la sublimité du spectacle qu'on a devant les yeux,
lorsque, par une de ces nuits paisibles et sereines qu'on ne
trouve que dans les rêves des poètes, ou sous les latitudes
méridionales, on veille seul à seul avec les majestueuses horreurs du terrible phénomène. Ce spectacle nous l'avons con-
templé. Le secret mélange de surprise, de joie, de terreur et
d'admiration que nous éprouvâmes l'a éternisé dans notre
mémoire. Jamais nous ne perdrons le souvenir de tant d'effets
magiques produits par des contrastes si frappants. Il était nuit.
La lune, de ses pâles rayons argentait l'azur du ciel tout resplendissant d'étoiles. Les perspectives du paysage se fondaient
doucement dans le demi jour bleuâtre et velouté de ses clartés
transparentes. Sur la nature endormie planait un silence aussi
suave que le doux crépuscule qui éclairait son sommeil. Nul
bruit, nul éclat importun : seulement le volcan jetait ; et le
tonnerre grondant dans ses entrailles, et l'incendie flamboyant
sur sa cime, loin de les troubler, faisait ressortir davantage le
calme de l'air et sa sérénité lumineuse. Tout autour s'étendaient les eaux unies et limpides de la Méditerranée, qui
reflétaient, avec la fidélité d'une glace, toutes les beautés du
tableau.

Un fleuve de lave jaillit sous le cratère ; ses ondes pesantes
parcourent un plan incliné en se roulant lentement les unes
sur les autres. Parvenues sur la pente de la montagne, elles
coulent avec une rapidité effrayante. Quelques parties se con-

densent et se fixent sur des couches déjà solidifiées comme des quartiers de rocher.

Le degré d'intensité de la chaleur interne du volcan est, selon les physiciens, supérieur à celui que marquent les fourneaux des usines; et, de fait, elle fond des corps que l'on regarde, sinon comme réfractaires, du moins comme d'une fusion très difficile. Il paraît aussi que l'électricité joue un grand rôle dans les éruptions. Ce qui est certain, c'est que des trainées de flammes anguleuses, étincelantes, sillonnent rapidement les gerbes de feu, et que leur apparition, accompagnée de phénomènes électriques, est le signal d'effrayantes détonations. On croit également que le Vésuve renferme dans son sein des sources thermales. Cela posé, on conçoit quelles explosions doit provoquer le contact de l'hydrogène, qui s'en dégage, avec les différents gaz qu'exhalent les matières fondues que récèle l'intérieur de la montagne. Ce qui rend ce fait plus que probable, c'est le muriate de soude que l'on trouve attaché à certaines déjections du volcan, et les coquilles contenues dans l'eau qu'il vomit, font croire en outre que ce foyer souterrain doit absorber l'eau de la mer.

La première éruption du Vésuve, dont l'histoire fasse mention, est celle du 24 août de l'an 79 de l'ère chrétienne ; c'est celle qui ensevelit Herculanum, Pompeia et Stabia ; mais elle ne dut pas être la première, puisqu'on a reconnu que ces villes étaient déjà pavées de laves et d'autres matières volcaniques. On prétend même qu'Herculanum fut construite sur une ancienne ville déjà engloutie. Du reste, il paraît que les éruptions étaient moins fréquentes et moins destructives avant celle de l'année 65, qui précéda de seize ans la terrible catastrophe qui enleva Pline l'ancien, au monde scientifique. Cet événement a eu un trop grand retentissement pour que nous puissions nous abstenir d'entrer dans quelques détails sur les circonstances qui ont accompagné ce dénouement si tragique. Nous laisserons Pline le jeune, dans sa lettre à Tacite, raconter le sort fatal de son oncle infortuné.

« Vous me priez de vous donner le fidèle récit de la mort de mon oncle, afin que vous puissiez le transmettre à la postérité. Je le fais avec d'autant plus d'empressement que j'ai la conviction que sa gloire sera immortelle si vous lui donnez une place dans vos narrations. Bien que la fatalité de sa mort, qui plongea ces beaux pays dans une désolation profonde, soit un fait assez mémorable pour que les générations futures s'occupent de sa personne, vos célèbres récits m'en donnent une garantie certaine. La postérité, avide de lire vos ouvrages, aura une plus juste opinion de ceux dont vous rapportez les faits illustres. Quant à moi, j'estime heureux ceux à qui les dieux ont accordé le don, ou de faire des choses dignes d'être écrites, ou d'en écrire qui méritent d'être lues; et plus heureux encore ceux qu'ils ont favorisés de ce double avantage. Mon oncle tiendra rang parmi ces derniers, et par vos écrits et par les siens ; et c'est ce qui m'engage à satisfaire d'autant plus promptement vos désirs.

Il était à Misène, où il commandait la flotte. Le vingt-troisième jour d'août, vers une heure de relevée, ma mère vint le trouver. Elle lui fit remarquer, que du côté du Vésuve un nuage d'une dimension et d'une forme extraordinaire venait de surgir. Aussitôt il se lève pour observer le prodige. Il sort de chez lui, ses tablettes à la main, lorsque les troupes de la flotte, qui étaient à Rétines, effrayées par l'imminence du danger, viennent le conjurer de vouloir les garantir d'un si affreux péril. Il ne changea pas de dessein, et poursuivit avec un

courage héroïque ce qu'il n'avait d'abord entrepris que par
simple curiosité. Il ordonna qu'on mit les galères à flot, s'embarqua lui-même et partit dans le dessein de porter du secours
à Rétines. Déjà tombaient sur les vaisseaux des pierres calcinées et des cailloux noirâtres brûlés et pulvérisés par la
violence du feu. De grandes flammes s'échappaient du Vésuve
et les ténèbres augmentaient l'éclat de l'embrasement. Mon
oncle, pour rassurer ceux qui l'accompagnaient, leur disait,
que l'incendie qu'ils apercevaient provenait du feu qui avait été
mis à des villages que les paysans alarmés avaient abandonnés,
et qui étaient demeurés sans secours. Il sortit pour examiner
de près ce que la mer permettait de tenter. Il la trouva encore
fort grosse et fort agitée de vents contraires. Alors, ayant
demandé de l'eau à boire, il se coucha sur un tapis qu'il
avait fait étendre sous ses pas, afin d'observer le phénomène.
Peu de temps après il sortit, et s'étant approché du rivage il
tomba suffoqué par la fumée qui envahissait la mer. » (*)

Depuis cette terrible catastrophe, diverses éruptions ont
signalé le travail destructeur du volcan. En 1778, Naples n'a
échappé à une dévastation complète que grâce à une subite et
heureuse révolution de l'atmosphère. On vit alors les cendres
du Vésuve poussées jusque sur le rivage de la *Pouille*, et ses
flammes sorties du gouffre, en colonnes immenses, illuminer
le port de Gaëte, à quatorze lieues du terrible foyer. On a
remarqué que, lors des éruptions de 1794, 1796 et 1822, certains endroits incultes devenaient tout-à-coup extrêmement
fertiles par cette pluie de cendres. En effet, la lave, quand
elle n'est pas destructive, est pour la terre un puissant engrais.

(*) Lib. VI. Epist. XXV.

La vigne surtout en reçoit une force de végétation étonnante, et le *lacrima Christi* lui doit son excellence et son parfum. Dans les environs du Vésuve, on ne voit pas un seul pouce de terre qui ne soit cultivé, s'il est susceptible de l'être. Depuis l'ermitage jusqu'à Résina, on marche entre la vie et la mort, entre des champs cultivés et fertiles, et des terrains tristement couverts de pierres de lave.

L'éruption dans le mois de juillet 1834, eut des conséquences terribles : la lave, qui avait une demi-lieue de largeur, s'étendit sur un espace d'environ deux lieues; elle ensevelit près de cent maisons sous ses ondes brûlantes, et détruisit près de quatre cents arpents de terre cultivée.

Le 7 novembre 1838, ce cratère offrait le plus étonnant spectacle que l'on puisse concevoir; il avait quelque chose de fantastique. Des torrents de fumée divisés en zones, alternativement jaunâtres et d'un blanc éclatant, s'élançaient en énormes tourbillons, et dépassaient les bords du volcan de plusieurs centaines de mètres; leur vitesse d'ascension était extrême; il semblait qu'une force impétueuse les poussât de bas en haut, que d'autres colonnes de vapeurs ardentes fussent impatientes de s'échapper après eux. Tantôt roulés en nuages et montant en spirale, tantôt s'élevant en fusée avec un sifflement aigu, tantôt se croisant et se confondant ensemble, ils ne laissaient apercevoir, que par moments, les roches noires, jaunes et rouges, qui surplombaient au-dessus de l'abime, dont le fond était encore en ébullition. Au milieu de cette fumée circulaient, comme des éclairs, des flammes sorties des fissures de ces rochers. L'odeur des émanations volcaniques pareille à celle de l'acide sulfureux est si pénétrante, que lorsqu'on la respire il faut se prémunir contre l'asphyxie.

Couronnés de lave et entourés de fleurs, comme autant de victimes résignées au sacrifice, s'étendent, au pied du volcan, de charmants villages et de jolies maisons de campagne, là, où un seul effort du gouffre, toujours ouvert, suffit pour les engloutir à tout jamais.

Le Vésuve, l'orgueil, la gloire et le fléau de Naples qui se réjouit de l'existence de cette terrible décoration, est plus aimé que redouté du gai Napolitain ; tandis que le volcan fume à ses côtés, lui, paisible et joyeux, caressé par les rayons de son brillant soleil, au bord d'une mer azurée, jouit nonchalamment des heureux dons de la terre et du ciel.

Pendant que nous contemplions la majesté sombre du volcan en fureur, la nuit fuyait rapidement devant les premières lueurs du jour. Peu à peu les campagnes sortirent de l'ombre, et l'aurore les inondait de tout son éclat. La lave, lumineuse la nuit, paraît noire à la clarté du jour. Cette métamorphose elle-même est en soi un beau spectacle.

Encore tout émus de la scène terrible qui venait de s'étaler à nos yeux, nous nous prosternâmes pour adorer ce Dieu qui venait d'emprunter la voix des tempêtes volcaniques, pour nous annoncer sa puissance et nous montrer notre néant.

La plaine au-dessous du Vésuve et le volcan lui-même, ont été le théâtre de deux événements qui occupent une grande place dans l'histoire de Rome. C'est là, c'est au pied du Vésuve que Manlius Torquatus, honoré du titre de dictateur, fit périr son fils pour avoir combattu, contre ses ordres, un capitaine ennemi. C'est là, qu'après cette action digne d'un Brutus, le consul Décius, revêtu de la robe de sénateur et se dévouant aux dieux de la guerre, se précipita, seul à cheval, au milieu des rangs ennemis et ouvrit à ses légionnaires une brèche qui leur valut la victoire. C'est sur ce sommet que se réfugia Spartacus, vendu aux Romains et condamné par eux aux combats sanglants du cirque ; il s'échappa, pendant la nuit, des prisons de Capoue avec Chrysus, Ænomaus, ses amis, et vingt-huit gladiateurs dévoués comme eux aux plaisirs barbares de leurs maîtres. La petite bande, grossie et armée aux dépens de ses gardiens, ne tarda pas à être assiégée dans son impénétrable retraite par le préteur Claudius. Menacé d'y mourir de faim, Spartacus adressa à ses compagnons les énergiques paroles que l'histoire a recueillies et que semblent encore répéter les échos du volcan : « Rebutés du monde, sans nom, sans patrie, sans famille ; condamnés à récréer nos maîtres par des spectacles barbares, ou à nourrir leur mollesse au prix de nos sueurs ; traités par eux comme de vils animaux, le fouet sanglant, le fer rouge, une mort certaine, sont les récompenses de nos services : voilà ce que nous sommes, voilà ce qui nous attend. Il dépend de nous de changer notre sort ; nous avons la force, le nombre, le droit. Sachons combattre et la victoire sera pour nous ! » A ces mots, Spartacus étendit la main vers le ciel et vers la mer ; son geste acheva sa parole, la foule qui l'avait écouté se leva, sentant qu'elle avait un capitaine, et huit jours après, profitant d'une nuit d'orage, il se laisse glisser le long des flancs de la montagne suivi de quarante mille esclaves, et tombe comme la foudre, au milieu de ses ennemis. Que peut le nombre contre la surprise et la terreur ? Les Romains furent vaincus et mis en fuite. Ce premier succès procura à Spartacus une formidable armée et trois victoires consécutives. Rome trembla ; Rome déjà mûre pour la tyrannie, faillit tomber sous le joug d'un esclave ! En l'acceptant, elle n'eût fait que précipiter le sort que l'avenir lui réservait. Spartacus valait mieux que Macrin et Commode, qui

se fit gladiateur pour s'exercer au meurtre de ses sujets! Cinq
ans après, Spartacus défait par Crassus vint mourir presqu'au
même endroit où il avait levé l'étendard de l'émancipation la
plus hardie qui ait jamais été tentée !

Vésuve, lundi 20 avril, 4 heures du matin.

Nous descendîmes enfin le volcan si redoutable et si peu redouté, les pieds embarrassés dans les cendres, et avec la rapidité qu'imprimerait aux corps en mouvement, la pente des plans les plus inclinés. Nous avions mis trois pénibles heures à gravir le mont, le retour nous prit à peine une demi heure. On sait combien passent vite les moments d'un voyage fait en compagnie, pour peu qu'ils soient marqués d'incidents propres à entretenir l'hilarité mutuelle, sans faire languir la bonne entente. La descente que nous fîmes du Vésuve peut prendre rang parmi les heures agréables. Soit que nous nous obstinions à garder le pas, ou à aller par sauts et par larges enjambées, force nous fut de rouler tout le long des flancs jusqu'à sa base. Mais là, nous attendaient nos fidèles montures. Tout contents, quoique bien fatigués, nous nous fîmes reconduire à l'ermitage.

Deux heures plus tard nous étions de retour à Resina, que nous quittâmes presqu'incontinent. Il nous restait encore à visiter la tombe d'Herculanum, pour voir un peu de nos yeux ce que la grandeur et l'orgueil de l'homme peuvent laisser de traces, après que la lave d'un volcan a passé dessus.

On ignore l'époque précise de la fondation de cette triste cité, enfouie à soixante pieds de profondeur sous la croûte de bitume pétrifié, qui lui sert de linceul. On ne peut que conjecturer avec Denis d'Halicarnasse qu'elle remonte jusqu'à l'an 60 avant la guerre de Troie, c'est-à-dire, 1342 ans avant Jésus-Christ. Strabon, qui vivait sous Auguste et Tibère est le premier auteur qui en ait parlé. Herculanum fut habité successivement par les Osques, les Etrusques, les Grecs et les Sameroles. Ce même auteur raconte qu'Hercule étant venu en Italie, après avoir délivré l'Espagne des brigands qui l'infestaient, construisit, entre Naples et Pompeia, une ville, à laquelle il donna son nom. Quoi qu'il en soit de l'époque de la fondation d'Herculanum, les Romains s'y établirent 293 ans avant l'ère chrétienne. Un siècle plus tard, cette ville ayant trempé dans une guerre contre la maîtresse du monde, fut surprise par le proconsul Vidius : elle devint ensuite colonie romaine et acquit de la richesse et de l'importance. Pline et Horace la mettent en effet au rang des cités les plus florissantes de la Campanie. Mais bientôt l'épouvantable catastrophe, arrivée la première année du règne de Titus, l'an 79 de l'ère chrétienne, effaça, en une seule nuit Herculanum et plusieurs autres villes de la Campanie, de dessus la surface de la terre. La matière liquide qui ensevelit sous ses torrents cette malheureuse cité, était un composé de lave brûlante mêlée à une cendre fine et grise; elle coulait lentement et laissait ainsi aux habitants le temps de fuir devant le fléau

qui envahissait leurs demeures. On n'a trouvé jusqu'ici, ni
dans le théâtre, ni dans la ville, aucun indice qui soit contraire
à cette opinion. Les cendres et la lave comblèrent hermétique-
ment les chambres et les appartements : plusieurs murailles
furent inclinées, d'autres renversées. Le stuc, formé par le
mélange de la cendre et de l'eau, prit une telle consistance,
que tous les objets qui en furent recouverts, se trouvèrent
merveilleusement garantis contre toute détérioration ultérieure.
C'est par cet effet qu'on s'explique comment dans les peintures
qu'on a découvertes, les couleurs aient conservé tant d'éclat et
de fraîcheur. Au-dessus de la lave de la première éruption, on
remarque une espèce de poussière blanche, disposée par
couches, mais avec des interruptions qu'on pense avoir été
produites par des pluies de cendres qui tombèrent successivement sur cette déplorable cité.

L'emplacement qu'occupait Herculanum a été pendant un
long cours de siècles, l'objet de beaucoup de conjectures et de
bien de recherches. Ce ne fut qu'en 1689, que le hasard le fit
connaître. Des paysans de Resina, creusant un puits, trouvèrent
à vingt-deux mètres de profondeur des débris de marbre d'une
beauté remarquable, et des inscriptions relatives à Herculanum.
Chose étonnante, dans un pays, peuplé d'antiquaires, cette
découverte ne donna lieu, pour le moment, à aucune investi-
gation. Mais, en 1711, le prince d'Elbeuf, Emmanuel de
Lorraine, en recherchant des marbres pour son palais de Portici,
fut mis le premier sur la voie de cette importante découverte.
Les rapports d'un paysan le décidèrent à commencer des fouilles qui aboutirent à faire trouver un temple d'Hercule et
plusieurs statues dont le duc fit hommage au prince Eugène
de Savoie. Les savants, désormais certains que l'emplacement

d'Herculanum était bien réellement constaté, demandèrent que les fouilles fussent continuées; mais le gouvernement, de peur d'ébranler les maisons situées au-dessus, s'y opposa.

Enfin, en 1738, on reprit les travaux avec activité, service dont la science est redevable à Charles III de Bourbon, qui venait de monter sur le trône de Naples et de remplacer la dynastie autrichienne. Dès le commencement, les fouilles amenèrent d'heureux résultats, et on finit par découvrir l'existence d'une ville entière.

Il serait à désirer qu'Herculanum vît le jour, comme Pompeia; mais Portici et Resina qui se sont élevés sur ses ruines, ont entravé les fouilles qu'on n'a pu faire qu'horizontalement, et les unes après les autres, en comblant les édifices à mesure qu'on déblayait le terrain, pour en extraire les objets les plus précieux. A Rome on voit des temples érigés sur des débris de temples, des palais sur des ruines de palais; mais ici ce sont des villes florissantes se carrant majestueusement sur le sépulcre d'une cité morte.

Nous descendîmes dans Herculanum à la faible lueur de quelques bougies, que notre *Cicerone* plaça contre les parois de la galerie, pour nous faire voir, autant que possible, les intéressants monuments, qu'il nous indiquait. L'éclat fantastique de la lumière qui nous servait de guide, joint à la crainte que nous éprouvions de la voir s'éteindre dans l'atmosphère dense de ce tombeau, (crainte d'ailleurs augmentée par les précautions dont s'entourait le conducteur, pour ne pas perdre les traces du chemin), remplissait notre esprit de vagues terreurs. Nos silhouettes allongées ou rétrécies par de capricieux effets de lumière ou d'optique rampaient en bondissant le long des murs, ou se laissaient traîner à nos côtés sur le sol : c'étaient les fantômes de la cité endormie dont nous venions profaner le sommeil et qui s'en vengeaient, en nous poursuivant de leurs attitudes vengeresses. Dans les lointains sombres de l'horrible dédale, se mouvait, à nos regards fascinés, un jeu d'ombres fantasmagoriques, mystérieuses. Nous nous sentions relégués dans un monde qui n'était plus celui des vivants. Dans la pénible hallucination qui nous tourmentait, nous n'eûmes qu'un seul désir : celui de quitter ces lieux qui réalisaient pour nous palpables à l'œil, les plus sinistres inspirations de Virgile ou du Dante, et de revoir enfin la douce lumière du jour.

En suivant d'étroits passages, pratiqués dans une épaisse couche de lave, on pénètre dans ce qui fut jadis le théâtre. La circonférence de ce monument mesure 280 pieds à l'extérieur, et 250 à l'intérieur. Vingt et un gradins, surmontés d'une galerie, ornée jadis de statues en bronze, servaient de siége aux spectateurs, dont le nombre devait être immense à en juger par l'étendue de l'emplacement jadis destiné à les recevoir. Là, comme à Pompeia, l'orchestre était placé entre les spectateurs et le *proscenium* (avant-scène). Le fond du théâtre était percé de trois portes par lesquelles entraient ou sortaient les acteurs, qui avaient derrière la scène des chambres et des corridors particuliers.

Tous les corridors, les arcades, les vomitoires ou passages, et les portes existent encore intacts ; mais l'eau qui suinte sans cesse des voûtes détériore les parois des murs et gâte le marbre blanc dont ils sont revêtus. Il a fallu soutenir les voussures et boucher l'entrée d'une partie des corridors, afin de prévenir les éboulements. Moins heureux que Pompeia, Herculanum est probablement condamné à une éternelle sépulture.

Ce théâtre, pavé en belles dalles de marbre, orné de fresques assez bien conservées, témoigne encore aujourd'hui de la magnificence de l'espagnol Balbus qui l'a fondé.

En quittant ces lieux froids et humides, on nous mena voir une maison nouvellement déblayée, qui n'avait été couverte que d'une couche de cendre peu épaisse. Cette maison est située du côté de la mer, qui en baignait alors les murs. Au toit près qui n'existe plus, et quelques autres dégradations, elle a conservé debout ses péristyles, ses cours, ses murailles et toutes ses distributions. On y a même rétabli son petit jardin d'autrefois. Spectacle mélancolique et touchant! Les pauvres fleurs dont il est orné, tout imprégnées de la tristesse des tombeaux, s'y épanouissent comme si elles se flétrissaient autour d'une couronne funèbre.

Le *Forum* qu'on a également découvert, était une place rectangulaire de 228 pieds d'étendue. Il est environné d'un portique soutenu par quarante colonnes. L'accès de cette place se trouvait fermé par cinq arcades ornées de statues équestres. Les deux plus belles, représentant, Balbus et son fils, se conservent au *Musée Bourbon* à Naples. Le premier portique communiquait par un second à deux temples, dont l'un avait 150 pieds de longueur.

Presque toutes les maisons d'Herculanum étaient peintes à l'encaustique, genre de peinture commun chez les anciens. Ces habitations se font distinguer par des mosaïques en pierres naturelles de différentes couleurs, habilement variées. On voit autour des chambres une sorte de gradin d'un pied environ d'élévation, qu'on pense avoir servi de siége aux esclaves.

D'après les découvertes déjà faites, on voit que les rues étaient droites, bordées de chaque côté de trottoirs pour les piétons et pavées de lave du Vésuve.

Voilà ce qui reste de cette ville, naguère, riche, grande, peuplée, aujourd'hui dévorée par ce torrent de feu qui un jour descendu du haut du Vésuve, promena la mort le long des campagnes napolitaines, et n'arrêta son cours dévastateur qu'en face de l'Océan qui l'engloutit à son tour, et dont il étendit les rivages.

Effrayant spectacle que celui qui a dû se dérouler aux yeux des infortunés habitants d'Herculanum, alors que le cataclysme s'avança sur eux, sans qu'il fût dans la puissance de l'homme de diriger ou d'entraver sa marche. On arrête un incendie, mais quelle barrière opposer à des torrents de lave liquide et ardente qui roulent conduits par le souffle de la justice de Dieu? L'imagination épouvantée se refuse à concevoir ou à analyser les épisodes d'indicible horreur qui ont dû signaler ce déluge instantané où tout un peuple se vit menacé par la mort au sein des affaires et des plaisirs!

Portici (*), qui se trouve bâti au-dessus d'Herculanum, sert de résidence royale pendant une partie de la belle saison. Le palais a des portiques très élégants. Les tableaux ainsi que les mosaïques qui le décorent, sont des meilleurs artistes modernes : mais on n'y trouve plus le superbe musée qui a été transporté à Naples. Murat affectionnait particulièrement cette résidence; on y a conservé, dans un petit salon, les portraits de Napoléon, de Joseph et des autres membres de sa famille; mais les tableaux, pour rappeler la gloire de ces grands hommes, font douter cependant de celle dont pouvait jouir l'artiste, au moment. où il ébauchait ainsi leur image.

La vue du château est admirable : d'un côté, le golfe et ses

(*) Voir à la fin du volume : séjour de Sa Sainteté Pie IX à Portici.

îles, la côte riante de Castellamare ; de l'autre, le Vésuve et les collines de Resina. Les jardins du palais sont beaux, mais trop près d'une route poudreuse, toujours couverte de promeneurs et de curieux ; le roi y fait exécuter de grands travaux. Les jardins renferment une petite ménagerie et une fort belle étable à vaches.

Ce château commencé, en 1706, par le prince d'Elbeuf, fut agrandi et terminé par Charles III. La route de la côte passe sous deux voûtes au milieu même de la cour du palais ; cet inconvénient, qui gênerait fort un particulier, n'a point arrêté le roi qui a successivement porté à Naples et à Madrid un sceptre intelligent et paternel. Ce prince était vraiment populaire, mais il conservait dans ses habitudes une réserve que, malheureusement, il n'a put transmettre à son fils.

Le palais du prince de Salerne, dont les jardins s'étendent le long de la mer, étale un luxe digne d'un roi. La grande salle ovale est tout ornée des beaux marbres qui embellissaient jadis la résidence de Tibère à Caprée. Dans un autre endroit du bourg, on nous montra un grand bâtiment, qui sert maintenant de caserne, et qu'on prétend avoir fait partie autrefois d'un palais de la reine Jeanne.

Les jours feriés et surtout en octobre, la route de Naples à Portici se voit traverser par une file interminable de voitures de toute espèce. On dirait qu'à cette époque Naples n'est plus à Naples, mais bien à Portici.

Non loin de cette ville, on rencontre le village de la *Madonna del Arco*, célèbre par l'immense concours de monde, qu'y attire annuellement l'image vénérée de la Madone à laquelle il doit son nom. Aux jours de Pentecôte, la foule y afflue de plus de dix milles à la ronde. Rien n'est plus curieux que le spectacle

13

qu'offre la grande route, alors que toute cette multitude, après avoir offert son bouquet de fleurs à Marie, s'en retourne, heureuse et contente, dans ses foyers. Les citadins occupent des voitures ou calèches dont les attelages s'élancent avec la rapidité du vent. Les habitants des campagnes se font traîner dans de lourds chariots par des bœufs, au front flanqué de deux cornes immenses. Des cerceaux, tout ornés de feuillage, transforment ces chars en bosquets ambulants. De l'intérieur partent les chants, les cris, les rires des nombreux voyageurs qu'ils contiennent et qui s'en vont chez eux, au son du fifre et du tambour de basque. Autour de ces chars trépignent, en se donnant mille attitudes gracieuses et variées, des personnages pittoresquement vêtus, dansant la *tarentella*, cette danse si chère aux insouciants Napolitains, qui rappelle un peu, il est vrai, les saturnales profanes des anciens, mais qu'on n'accusera pas de l'immoralité qui flétrissait le divertissement payen auquel elle doit son origine. On se souvient d'ailleurs que, d'après une ancienne tradition populaire, ceux qui étaient piqués d'une araignée de cette contrée, appelée *tarentella* ou *tarentulle*, se livraient à des bonds et à des trépignements qui simulaient la danse de ce nom.

Lorsque les danseurs passent devant une Madone, ou devant l'image de saint Janvier, patron de Naples, ils s'arrêtent et ne manquent jamais de les saluer.

Tous les pèlerins portent des bourdons surmontés d'une image de la Madone. Le peuple se condamne à des privations pendant toute l'année, pour faire face aux frais de ces excursions ; ceux qui ont pu les répéter le plus souvent dans leur vie, s'en estiment plus heureux que les autres. L'engouement des Napolitains pour l'accomplissement de ce pèlerinage est tel que les fiancées ne se marieront jamais sans avoir fait stipuler comme clause dans leur contract de mariage, qu'elles se feront conduire à la *Madonna del Arco.*

Ces jours, là, grâce à l'affluence des pèlerins, Naples est tout bruit et tout mouvement. Les rues sont encombrées de voitures qui sillonnent, en tous sens, les flots de ce peuple accouru de toutes parts, dans un accoutrement qui pique au plus haut degré la curiosité des voyageurs. Telle est la sympathie que le caractère original de ces fêtes éveille dans le cœur de l'étranger, que les balcons, sous lesquels passe le train, se louent à des prix exorbitants. Aucun désordre n'accompagne ces joyeuses solennités. C'est un témoignage qu'il faut rendre aux Napolitains, dont on a si souvent et si partialement critiqué les mœurs.

Naples, mardi 21 avril.

Voyez comme ses yeux
Trahissent les penchants de son cœur odieux . . .
Voyez, dans tous ses traits, quelle fureur farouche '
Mille proscriptions s'élancent de sa bouche ;
Mille forfaits par lui sont déjà préparés.
Je m'y connais, Romains, vous me regretterez '
(Dernières paroles de Tibère)
ARNAULT.

A seize milles de Naples, en se dirigeant vers la plage
de Castellamare, on se trouve sous des ruines de l'antique
Stabia. D'abord habitée par les Osques, puis par les Etrusques,
ensuite par des Samnites, cette ville fut, sous le consulat de
Pompée et de Caton, prise par les Romains qui avaient, peu-à-
peu, détruit les populations primitives établies dans ces lieux.
Sous Sylla, elle devint, au milieu des guerres civiles, un monceau
de ruines, d'où finit par sortir un petit village, bientôt couvert
par les cendres que le Vésuve jeta de ce côté, dans la grande
éruption de l'année 79.

Lorsqu'au dernier siècle on fit des fouilles pour retrouver
cette ville infortunée, on parvint assez vite au sol de Stabia ;
mais, à mesure qu'on en découvrait une partie, on recouvrait

l'autre avec les remblais. Les principales curiosités qu'on y rencontra furent quelques *papyrus*, déposés, avec ceux de Pompeia, dans les salles du *Musée Bourbon* à Naples. Du reste, on trouva peu de squelettes, et très peu de meubles précieux, ce qui fit conjecturer que les habitants avaient eu le temps de s'enfuir et d'emporter avec eux leurs richesses.

Ce monument de destruction marque l'entrée de l'un des plus beaux pays du monde. C'est là, c'est sur ces bords célèbres par le renversement de trois villes, que commence la Péninsule de Sorrento, pays riant et fortuné, qu'on a quelquefois appelé le *paradis de l'Europe*. Comme par enchantement on se trouve transporté d'un champ de deuil dans une terre, où la nature brille dans toute la splendeur de sa parure. L'éclat d'une verdure printanière, la fraîcheur et l'harmonieux murmure des brises parfumées, y rendent au cœur, ces douces émotions qu'avaient suspendues le silence et l'aridité d'un désert.

Castellamare, petite ville peuplée de dix à douze mille habitants, s'élève en face de Naples, entre la plage qui couronne le cratère du Vésuve et les pentes du mont *Auro* qui la défend du vent d'Afrique, si incommode pour la capitale. Du faîte de cette montagne, se reflètent dans la mer de hautes et noires forêts de lauriers et de châtaigniers sauvages. Ces masses de végétation, ainsi réverbérées colorent, des plus poétiques couleurs, les flots limpides qui baignent ces heureux rivages.

Les collines voisines sont couvertes d'agréables *Casini*, et d'hôtelleries nombreuses. Dans la belle saison, on y rencontre une foule de ces infortunés qui s'en viennent y confier à la douceur du climat, le soin de rétablir une santé chancelante et souvent mûre pour la tombe.

A Castellamare, et le long de la côte qui mène à Sorrente,

coulent plusieurs sources d'eaux sulfureuses et minérales qui jaillissent des montagnes. Bien des convalescents et de malades prennent ces eaux avec succès. L'odeur qui s'en exhale est si forte que des bouffées de brise vous l'apportent en pleine mer, lorsque vous vous éloignez de la côte.

Le goût des fleurs paraît être très répandu dans cette belle contrée. Rien ne surprend et ne flatte plus agréablement l'œil de l'étranger, que l'aspect de toutes ces fenêtres et balcons, transformés en véritables parterres d'où s'échappe une verdure touffue, tout émaillée de fleurs riches et odoriférantes ; gracieuses lianes qui festonnent les blanches façades du vert réseau de leur feuillage et qui, au plus léger souffle du vent, font tomber leur pluie de pétales sur le seuil riant de ces paisibles demeures.

Parmi les monuments de la ville, on remarque la cathédrale où l'on admire des chefs-d'œuvre de Luca Giordano. Le port vaste, profond, est d'un accès sûr et facile. Non loin de là s'élève un chantier, propriété du commerce, où l'on construit des brigantins et des bateaux. Mais la merveille de Castellamare, c'est la maison royale bâtie sur la cime du mont qui domine la ville. On monte, à dos de mulet, à ce palais, appelé *Qui si sana*, « ici l'on guérit. » Dans ces beaux lieux on trouve tout ce que la végétation la plus riche, réglée avec un art intelligent, peut produire de plus frais et de plus agréable : c'est un parc anglais jeté sur une montagne suisse, au milieu des lumineux horizons du beau ciel de Naples.

Sur une colline voisine, dite de *Pozzano*, lieu célèbre par ses pèlerinages, on vénère une image miraculeuse de la sainte Vierge : l'église de la *Madone* a remplacé un temple païen, et les débris d'un autel de Diane servent de piédestal à la croix victorieuse.

En longeant la mer, une route entièrement couverte de plantations, ou pour mieux dire, de sentiers bordés de murs, par dessus lesquels retombent les fruits d'orangers qui font courber les branches, conduit le voyageur à Sorrento.

Le spectacle qu'offre le panorama des rives gagne à être vu à fleur d'eau. Ce trajet doit se faire par mer, en barque. On embrasse d'un seul coup d'œil ce magnifique paysage, dont le fond de verdure découpe les gentilles silhouettes d'églises, d'habitations, éparses, isolées ou agglomérées en amphithéâtre, sur les flancs boisés des montagnes. En cheminant le long de la route, la beauté du tout se perd dans le charme des détails, et le trajet fini, on se trouve tout stupéfait d'avoir vu tant de belles choses, sans pouvoir les admirer.

Parmi ces beaux villages nous distinguâmes celui de Vico, bâti sur un rocher élevé du rivage. De ce côté l'accès du continent est fermé par des masses énormes de rocs, pittoresquement entassés les uns sur les autres. D'immenses débris de granit tombés dans la mer, annoncent diverses catastrophes produites par des tremblements de terre et notamment par celui de 1694.

Tantôt les faites de ces rochers, avancés en voûte, menacent d'anéantir la faible barque qui se hasarde à cingler sous leur ombre ; tantôt leurs flancs entr'ouverts permettent à l'œil de pénétrer dans des grottes profondes ; tantôt on entend le bruit retentissant des pierres qui roulent du haut de la montagne, dont elles se détachent, soit par un effet naturel, soit par l'effort des hommes qui travaillent aux carrières. Ces masses, en roulant dans la mer, lui font rendre un mugissement sourd qui, prolongé par les échos, ne laisse pas de vous inspirer un secret effroi.

Pendant que ces scènes austères et variées fixaient notre
attention, nous avancions vers Sorrento; bientôt notre barque
s'approcha de la côte, et des cavernes affreuses, véritables
repaires de corsaires, s'offrirent partout à nos regards. Loin
d'éviter ces lieux sauvages et de s'éloigner en mer, nos mariniers
se dirigèrent au contraire vers un énorme rocher, dont la crête
élevée nous interceptait les rayons du soleil. Ayant traversé
cette caverne nous passâmes sous la voûte basse d'un antre
creusé par la nature et aussi sinistre qu'obscur. La hardiesse
de nos matelots nous inspirait de l'inquiétude. Nous ne pouvions
nous rendre compte de leurs intentions. Après bien des alternatives d'espérances et d'angoisses, nous vîmes, au sortir de cet
endroit ténébreux, que notre frayeur n'était nullement motivée.
Reconnaissant alors la droiture de leurs intentions, et tout
confus d'une méfiance aussi peu fondée, nous nous hâtâmes de
jeter au vent des mers, toutes les sinistres appréhensions qui
nous avaient tourmentés. Nous le fîmes d'autant plus volontiers
que nos braves et obligeants mariniers n'avaient eu d'autre
pensée que de nous montrer en détail et sur les lieux même, ce
qu'il y a de grandiose et de saillant dans de semblables jeux
de la nature.

Avant d'arriver à Sorrento, on traverse une autre grotte,
formée par des rochers élevés, remplis de cavernes profondes,
et qu'on doit gravir par un chemin raide, étroit et suspendu
sur l'abime.

Sorrento, assis sur ces rocs, présente l'aspect d'une aire
abrupte, tandis que Naples, qu'il regarde au delà du beau
golfe, s'étend doucement sur la pente des collines jusqu'au bord
des flots. La situation escarpée de Sorrento a dû lui donner plus
d'importance dans les premières époques où l'on cherchait

surtout les lieux sûrs, et a dû nuire à sa prospérité dans des temps comme les nôtres, où l'on fréquente surtout les lieux ouverts. Aussi a-t-on conservé dans cette ville plus de monuments antiques qu'à Naples même.

Là, se trouvent des tombeaux qui, dit-on, remontent au temps d'Ulysse. On y montre des débris dont quelques uns sont attribués à l'art grec : les restes d'un temple de Cérès, les ruines d'un temple d'Hercule, un mur extérieur d'un Panthéon, des fragments dérobés à un temple d'Apollon, une naumachie jointe à un temple de Vénus, les vestiges d'un temple de Vesta. Tels sont du moins les noms que les antiquaires de ce pays donnent aux décombres qui embellissent les superbes campagnes environnantes. Il est certain que deux de ces monuments, l'un appellé *l'arc grec* et l'autre la *piscine*, se rapportent à une époque antérieure à la domination des Romains. Une nature admirable, en jetant ses verts tissus de lierre et de fleurs, sur ces ruines de l'âge antique, leur a prêté cette beauté mélancolique et pittoresque qui vaut bien l'éclat grandiose des monuments, dont elles rappellent la mémoire.

Le plateau sur lequel Sorrento s'élève, est abrité contre les vents du midi, de l'est et du nord, par des montagnes qui forment la ceinture du golfe. Ces lieux enchanteurs ressemblent à un immense jardin suspendu dans les airs. Les plantes les plus rares y croissent en abondance ; les fruits de l'automne mûrissent au milieu de l'épanouissement des fleurs printanières. En cet endroit les vallées présentent l'aspect des terres les plus fertiles et les mieux cultivées. Du sommet des monts, le regard plane sur les récoltes les plus riches et les plus variées. Partout ces plaines riantes s'émaillent du beau fruit de l'oranger: on dirait à les voir d'en haut un fond vert de tapisserie sur lequel se détache un tissu de paillettes d'or et d'étoiles. Ces arbres y sont magnifiques et s'y trouvent en si grand nombre, que les massifs d'orangers, séparés seulement par des murs ou des cloisons de jardin, prennent tous les dehors des forêts les plus touffues. Nul endroit de l'Italie ne peut se flatter de produire des oranges aussi estimées, que celles qu'on récolte à Sorrento ; on les dit même supérieures aux produits tant vantés de Malte et du Portugal. Ces fruits font l'objet d'un commerce spécial, fort lucratif pour les habitants qui les vendent à Naples, où l'on en fait une grande consommation.

La maison où naquit, en 1544, Torquato Tasso, située au dessus d'un rocher décoré de verdure et baigné par la mer, est aujourd'hui transformée en un palais.

En face du berceau du Tasse on voit, à Pausilippe, le tombeau de Virgile. Ces deux souvenirs planent sur ces deux caps opposés, et s'y regardent comme les deux sommets du génie antique et du génie moderne de l'Italie. C'est là que Virgile est venu donner à son esprit la trempe de l'art grec : c'est de là que le Tasse est parti pour essayer à Ferrare, dans le voisinage des races chevaleresques, de réaliser les plus beaux rêves du moyen-âge dans tout le prestige de la forme antique. Tous les pays divers de l'Italie paraissaient se rencontrer dans cet homme extraordinaire : d'un bout à l'autre de la Péninsule, il a foulé tous les rivages, en laissant sur chacun d'eux quelque trace de sa gloire et de ses souffrances. Au midi, Sorrento montre avec orgueil son berceau; au nord, Ferrare étale sa prison; Rome, comme le centre des beaux arts protège son tombeau. C'est sur la plus haute colline de la ville éternelle, c'est dans le couvent de saint Onuphre, qu'il visitait souvent, et où il aimait à étudier, qu'il est aussi venu mourir. Le cardinal Aldobrandini l'avait appelé à Rome pour le faire couronner au capitole. Mais la mort le surprit en ce moment glorieux : les couronnes de son triomphe n'ombragèrent que son tombeau.

Dans la plaine de Sorrento on reconnait l'action d'une industrie éclairée et active. C'est aussi dans cette belle contrée que les habitants ont essayé avec un grand succès d'étendre la culture du coton. Elle était déjà connue à Naples, mais jusqu'à ces dernières années on ne semait que sur des espaces fort restreints, puisqu'il ne fallait satisfaire qu'une consommation locale. De nos jours elle procura déjà plus de 20,000 balles aux nombreuses filatures du royaume de Naples. Cette culture exige un défoncement à la bêche, et le coton se sème sur des lignes distantes d'un mètre. Les plantes, (car le coton appartient à l'espèce herbacée), sont placées à soixante-six centimètres l'une de l'autre et demandent de fréquents sarclages, auxquels on emploie des femmes et des enfants. Dès que les capsules sont formées, on brise l'extrémité des rameaux pour attirer la sève vers les fruits : leur maturité est successive et la cueillette dure longtemps. Cette opération exige beaucoup de soins et de vigilance; car sitôt que la capsule est parfaitement mûre, elle s'ouvre d'elle-même et laisse échapper les filaments qu'elle contient. On est généralement convaincu que le royaume de Naples pourrait facilement produire, en dehors des besoins d'une consommation locale, de quoi fournir de ce produit exotique les principaux marchés de l'Europe.

Les plantations de mûriers, encouragées par les demandes des fabricants nationaux de soieries et par celles de l'étranger, prennent de jour en jour plus de développement sur les propriétés de quelque importance ; mais aucune entreprise com-

merciale n'a été conçue, à ce sujet, dans un pays qui en a vu
naître un si grand nombre depuis une vingtaine d'années. On
peut affirmer, sans crainte de se tromper, que, par le seul fait
des colons qui consacrent leurs champs à la culture des mûriers, la production des soies a plus que doublé dans une
courte période de vingt-cinq ans. Avant le séjour des Français
à Naples, la récolte annuelle pouvait être estimée de 140 à
160,000 kilogrammes. Actuellement elle doit atteindre le chiffre
de 500,000, dont l'une moitié est employée par les fabriques
indigènes. On réserve le reste à l'exportation.

Un décret de Ferdinand I, publié vers la fin du siècle dernier
et remis en vigueur depuis son retour de Sicile, a prohibé la
culture du riz, à moins d'un myriamètre des lieux habités, ce
qui équivaut à peu près à une interdiction totale ; aussi le riz
n'est pas compté parmi les productions agricoles et les exporta-
tions du pays. On sait que cette plante ne peut croître que dans
les eaux stagnantes. L'ordonnance qui l'a proscrite était donc
sage, fondée sur des motifs de salubrité, et a contribué, en
certaines localités, à augmenter la population.

Le sol des environs de Naples, sans cesse renouvelé par les
cendres du Vésuve, est un des plus riches qui existent. La
fertilité en a permis aux cultivateurs, stimulés par le produit,
quelque modique qu'il soit, et par la certitude de faciles débouchés, d'adopter un habile assolement qui fait rendre à la terre
tout ce qu'il est possible d'en obtenir. Ainsi qu'en Toscane, les
arbres, servant de supports à la vigne, donnent, par leurs
feuilles, un fourrage pour les vaches laitières pendant la mauvaise saison, ou pour la femelle du buffle dont le lait est plus
abondant. Entre les rangs d'ormes ou de peupliers, on sème
des pastèques et des melons auxquels succède le froment ;

ensuite germent les fèves ou le trèfle à fleurs pourpres. Le trèfle
n'est point fauché en masse ni desséché, mais chaque jour coupé
partiellement à la faucille et distribué aux bestiaux. Après les
fèves, le trèfle ou les lupins, vient le maïs cultivé par prédilec-
tion, et pour lequel on réserve les engrais, attendu qu'il
compose la principale nourriture des métayers ; le maïs est de
nouveau remplacé par le blé qui profite encore de la fumure
que le maïs a reçue. C'est donc, en cinq ans, six récoltes, et
quelquefois sept. On ne comprend pas dans cette abondance de
produits, ceux que le même champ rapporte encore, et qui
proviennent du mûrier, de l'olivier, de la vigne et des orangers,
dont les fruits, revenant avec régularité dans leurs saisons, sont
hors d'assolement.

Nous étions trop près de Caprée pour pouvoir résister au
désir de parcourir le court trajet qui sépare de la terre ferme
cette île trop fameuse par le séjour qu'y fit Tibère. Une barque
napolitaine nous y déposa. Il est d'usage que les matelots font
la quête à bord, afin de faire célébrer des messes pour les âmes
du purgatoire. C'est un ancien usage religieusement conservé
par la piété envers les morts, et qui est une preuve irrécusable
de la commisération naturelle au peuple napolitain.

L'île de Caprée semble une image fixe, immobile des scènes
les plus pittoresques et les plus variées qu'étale la nature.
De terribles souvenirs s'éveillent à la vue de ces ruines infor-
mes, tristement debout sur des rochers immenses et nus. Mais
l'ombre de la tyrannie ne hante plus ces ruines. La voûte des
souterrains secrets a disparu sous les moissons : les verts ombrages, la vigne, les figuiers tapissent les rocs et ne s'arrêtent
qu'à l'extrémité de leurs derniers escarpements, dont la base
plonge sous les flots de la mer.

Cette île en ruines offre une végétation d'oliviers qui surpassent en hauteur ceux de la côte de Naples, un sol fertile, un air tempéré et des paysages vraiment admirables.

Auguste avait habité Caprée avant Tibère; le premier empereur l'avait reçue des Napolitains en échange de l'île d'Ischia qu'il leur avait enlevée et qu'il leur rendit à ce prix. Tandis que les grands seigneurs faisaient leurs délices des villas, répandues sur la côte opposée du golfe de Naples, à Baia, à Pouzzoles, lui s'établit sur ce bord, dans une île charmante, que le cap Sorrente garantissait, en hiver, des vents impétueux, et que la mer, durant l'été, entretenait dans une agréable fraîcheur. Auguste y séjourna quatre ans sur la fin de sa vie, et y éleva des monuments dont il reste encore des débris. L'aspect radieux et calme de cette île semblait en faire la demeure prédestinée de cet empereur. C'est pourtant le nom terrible de Tibère qui plane sur elle, et que, de siècle en siècle, ne cessent de répéter avec effroi les habitants de son heureux rivage.

Sur le sommet oriental de l'île, Tibère avait fait construire douze palais, dédiés aux douze grandes divinités du paganisme. Ces palais devinrent bientôt les affreux repaires de ses incroyables débauches et les prétoires sanglants d'où partirent, pendant onze années, des arrêts de proscription et de mort (*). Rome tremblait à cent lieues de Caprée et le sénat courbait le front en recevant des décrets qui décimaient ses propres membres : Séjan lui-même, ce digne ministre d'un tel maître, n'échappa point au glaive dont il avait frappé tant de têtes. Les restes de ces douze palais sont, pour la plupart, à peine recon-

(*) Pline, liv. III, ch. 6.

naissables ; il n'en subsiste guère aujourd'hui que les fondements
qui ont été peu fouillés, et où l'on n'a découvert encore çà et
là, que quelques chambres souterraines (*sellariæ*), des fragments de mosaïques et des médailles. Les ruines des thermes
somptueux redisent imparfaitement la vie souillée de ce tyran.
Pendant que notre guide mettait son imagination à la torture
pour frapper la nôtre en nous retraçant les terribles spectacles
que Tibère donna au monde, il nous fit voir un tronçon de
colonne encore debout, qui faisait partie de la porte d'entrée
du palais. Cette porte était fort étroite, apparemment pour
empêcher toute surprise ; après l'avoir passée, on descend dans
une petite chambre carrée, dont le pavé en mosaïque subsiste
encore, et où l'on voit quelques restes de colonnes ; les murs,
suivant l'usage des anciens Romains, étaient de construction
réticulaire, c'est-à-dire composés de briques longues, mais
étroites, et en forme de losange ; la partie longue se mettait
dans le mur, la partie courte en formait le parement : ce qui
donnait au stuc, dont on le revêtissait, plus de solidité, et
permettait ensuite de peindre les murs à fresque. Un corridor
et un escalier conduit à l'étage supérieur ; là on trouve des
restes de voûtes, des murs encore revêtus en stuc, des seuils
de porte en marbre aussi bien conservés que s'ils venaient
d'être posés, deux immenses salles voûtées, qu'on dit avoir
servi de salles de bains ; l'une est à moitié comblée ; on
y voit également plusieurs autres corridors et chambres à
divers étages, entre autres celle qu'on prétend avoir été la
chambre de Tibère. Elle conserve encore tout son pavé en
mosaïque, son seuil en marbre blanc, et de petits restes
de stuc sur ses murs. Le sommet de cet édifice en ruines
est terminé par une plateforme sur laquelle on a élevé une

construction moderne. Le gouvernement napolitain laisse les
ronces couvrir en paix les débris de la magnificence impériale,
et la charrue du laboureur est le seul instrument qui, de temps
à autre et par mégarde, va chercher dans la terre les monuments témoins de la grandeur d'Auguste et des basses cruautés
du fils de Livie.

Cinq colonnes du palais de Tibère ornent de nos jours une
des chapelles de l'église paroissiale. Près de ce temple, notre
Cicerone nous mena dans un petit jardin pour voir, disait-il, le
tombeau de Vespasien, chose selon lui d'autant plus authenti-
que, qu'on y avait trouvé des monnaies à l'effigie de cet
empereur. Ce tombeau est en marbre blanc, d'un travail très
simple, à l'exception de la partie supérieure, sculptée en
feuilles de lauriers superposées et d'une exécution soignée.

En gravissant un étroit et rude escalier de plus de cinq cents
marches, taillés dans le roc, (ouvrage romain, s'il n'est pas
antérieur au temps de la fondation de Rome), on jouit de
la plus belle vue qu'il y ait dans cet admirable pays. Au
midi, la vaste étendue de la Méditerranée; au couchant, les îles
Ischia et Procida qui gardent l'autre rivage du golfe de Naples;
au nord, ce beau golfe dans tout son éclat; la ville qui s'étend au
pied de la colline; le Vésuve qui est toujours agité au-dessus de
ce beau rivage; à l'orient, Sorrento, le golfe de Salerne, dont le
double rivage est jonché des débris de deux villes renversées par
les siècles : Pæstum, sépulcre magnifique de l'art grec, et
Amalfi, tombeau non moins curieux du commerce et des priviléges du moyen-âge.

Caprée rappelle un des plus glorieux exploits de l'armée
française, pendant les guerres italiennes. Murat étant monté
sur le trône de Naples, tout le pays lui obéissait à l'exception

de l'imprenable Caprée. Le général Lamarque part avec 1,600 hommes d'élite, et, après des prodiges d'audace, il force sir Hudson Lowe, le futur geôlier de *sainte Hélène*, à capituler, chose à laquelle les Napolitains ne s'attendaient guère.

A la pointe occidentale de l'île de Caprée, on voit une grotte que l'extrême soubassement du rocher, placé en travers de l'étroit passage qui la fait communiquer avec la mer, avait longtemps soustraite aux investigations. La curiosité, le hasard, on ne sait quelle cause, engagèrent des Anglais à y pénétrer. Ces explorateurs déterminés trouvèrent la caverne éclairée par une lumière azurée qui communique sa couleur aux parois et aux voûtes. Quand la nouvelle de cette intéressante découverte se répandit, on vit accourir à Caprée une foule de curieux pour visiter cette merveille de la nature. Depuis ce temps, il n'est voyageur, pour peu qu'il ait l'envie et la petite ambition de vouloir dire à son retour dans sa patrie, j'ai tout vu en Italie, qui ne se défasse volontiers de quelques *carlini*, pour visiter la *grotte d'azur*.

Une barque construite exprès pour le passage conduit les curieux, qui sont obligés de prendre une position horizontale pour passer sous le rocher. Cette précaution ne suffit pas toujours, et si la mer n'est pas parfaitement calme, l'entrée est impossible.

Quel ne fut pas notre étonnement, quand il nous fut donné de voir ce lac majestueux, sous une voûte très élevée, d'où pendent par milliers de gracieuses stalactites. Tout est mystère dans cette grotte, tout y produit sur l'imagination une impression que nous voudrions en vain communiquer.

Le lac a environ un quart de mille de circonférence et quinze pieds de profondeur. L'eau, les rochers, le sable, les coquil-

lages, tout paraît d'un bleu d'azur, tandis que la transparence
de l'eau est si parfaite qu'on croit pouvoir prendre par la main
les petites pierres dont les formes variées se dessinent gracieusement au fond. L'effet vraiment magique de la lumière, fort
semblable à celui que produit une lampe placée derrière un
vase rempli de vitriol, est le résultat de la réverbération des
rayons du soleil sur les eaux bleuâtres de la mer.

Plusieurs marches d'un escalier, qui communiquait sans
doute avec l'une ou l'autre habitation construite sur le revers
de la montagne, dans laquelle cette excavation est creusée,
prouvent que cette grotte était connue des anciens qui, probablement, s'en servirent pour les bains froids. On n'a pas encore
tenté de déblayer ce passage, encombré à quelques pieds de
son ouverture dans la grotte par des terres et des débris de
rochers.

Jamque rubescebat radiis mare, et æthere ab alto
Aurora in roseis fulgebat lutea bigis ;
Cum venti posuère, omnisque repente resedit
Flatus, et in lento luctantur marmore tonsæ.
Virg. Æneid. lib. VII.

Une barque légère, poussée par de bons rameurs, nous
faisait avancer avec la rapidité de l'éclair, vers la côte dentelée
et escarpée de la charmante île d'Ischia. Cette petite étendue de
terre, qui sépare le golfe de Gaëte du golfe de Naples, et qui
n'est séparée elle-même de l'île de Procida que par un canal
fort étroit, n'est qu'une seule montagne à pic, dont la cime
blanche et effilée s'élève jusqu'au ciel. Ses plateaux les plus
rapprochés de la mer, et inclinés sur les flots, portent des
chaumières, des villas rustiques et des villages à moitié cachés
sous les treilles de vignes. Chacun de ces villages a sa marine,
c'est-à-dire, un petit port où flottent les barques des pêcheurs
de l'île, et où se balancent quelques mâts de navires à voile
latine. Les vergues touchent aux arbres et aux vignes de la côte.

Toutes les montagnes environnantes proviennent des éruptions de l'*Epomeo*, majestueux volcan qui s'élève au milieu de
l'île, et qui montre partout sa cime nue et ses flancs chargés
de bourgs populeux. Sa base est minée par des ravins profonds,
ombragés de hauts châtaigniers, et sur les côteaux inférieurs
qui s'abaissent jusqu'à la mer, croissent ces vignes auxquelles
on doit l'excellent vin blanc d'Ischia.

Les éruptions de l'*Epomeo* datent d'une époque fort ancienne.
La première dont l'histoire fasse mention, remonte à 480 ans
avant l'ère chrétienne. L'effroi qu'elle causa fut tel, qu'une
colonie d'agriculteurs eubéens, qui s'y étaient établis, prirent
la résolution d'émigrer. Rappelés par la fertilité du sol, ils en
furent de nouveau expulsés par le volcan. Trois fois, de hardis
colons tentèrent la même épreuve, constamment suivie des
mêmes résultats. Enfin les Napolitains y prirent position et
construisirent la ville d'Ischia que l'*Epomeo* renversa encore,
en 1302. Une partie des colons s'échappèrent par mer, l'autre
fut engloutie toute vivante dans la lave qui mit toute l'île en feu,
pendant deux mois entiers. Tels étaient le charme et la richesse
que présentaient le séjour et la culture d'Ischia que, quelques
années après, les émigrés revinrent et s'y établirent pour la
dernière fois ; car depuis, le terrible volcan a calmé sa fureur,
et dort comme un lion assoupi par la fatigue d'une longue lutte.
Malheur à Ischia, si ce sommeil n'est pas éternel !

Mais à cette population, déjà si tristement éprouvée, étaient
réservées de plus rudes épreuves encore. Alphonse d'Aragon,
maître de Naples, après la défaite de René d'Anjou, craignant
que l'affection des habitants de l'île d'Ischia ne survécût à la
chute de la dynastie angevine, en bannit tous les mâles et
força les veuves et les filles des victimes de la guerre à épouser

des Catalans et des Espagnols pris au hasard dans son armée. Ce fut de la politique sans doute, mais plus odieuse que celle du meurtre, car le meurtre frappe et ne déshonore pas. Eh bien! Ce même prince a été surnommé le *magnanime*, et en effet, il eut ses jours de grandeur et de générosité. « *Je veux que le peuple craigne pour moi et ne me craigne pas.* » disait-il souvent. Cette maxime ne fut qu'une vaine parole pour les habitants d'Ischia.

Les eaux de cette île sont renommées dans le monde pour leur vertu médicale. Les propriétés hygiéniques de ces eaux ne sont pas les seules qui les aient signalées à la curiosité des touristes ou à l'analyse des savants. Leur usage donne lieu à des phénomènes qui méritent en tout point de fixer l'attention du physicien et du chimiste. Sous ce rapport, elles pourraient conduire à de piquantes et utiles découvertes.

La population de l'île compte aujourd'hui 25,000 âmes. Elle était beaucoup plus considérable avant l'éruption de 1302. Ischia est située sur un rocher de basalte de 600 pieds de hauteur, au sommet duquel se trouve la citadelle; elle compte 4,000 habitants. Sa situation est ravissante comme l'est du reste, celle de tous les bourgs, villages et hameaux de cette terre riante et fertile. Le costume des habitants est fort pittoresque : il consiste, pour les femmes, en un corset de velours. La chemise, plissée à petits plis sur la poitrine, est nouée sous leur cou; leur jupe est courte et de couleurs variées; leur coiffure a la forme d'un petit bonnet noir garni d'or, surmonté d'un voile épais posé à plat sur la tête. A Ischia, comme ailleurs, les hommes et les femmes commencent à abandonner ce costume national pour se rapprocher, chaque jour, de cette triste et ennuyeuse uniformité que des relations de plus en plus fréquen-

les tendent à imposer à tous les peuples. Là aussi on se
met à adopter les frivoles ajustements de ces modes, qui
changent aussi vite que les idées du peuple qui les donne à
l'univers.

Ischia, l'*Inarima* de Virgile et d'Homère, et la *Pythecusa*
de Pline et de Strabon, rappelle aux voyageurs plusieurs
souvenirs historiques : c'est là qu'Enée débarqua en quittant la
Sicile pour s'établir dans le Latium ; c'est à Ischia, que le
dernier héritier d'Alphonse, dépossédé de sa couronne, vint
chercher un refuge contre les armes de Louis XII. Murat forcé
de quitter Naples, après les revers de 1815, vint à son tour
chercher au même lieu un asile momentané; lui aussi, s'embarqua sur ce rivage pour demander à la France, hospitalité et
protection. Mais Napoléon, seul contre l'Europe entière, était
alors réduit aux dernières ressources de la France épuisée.
Murat, qui, par de faux rapports, comptait sur un parti en
Calabre et principalement à Pizzo, vint, dans une simple chaloupe, débarquer imprudemment sur la place de cette dernière
ville, accompagné, seulement, d'un aide-de-camp et de quelques
hommes. Comme il montait la hauteur sur laquelle est bâtie
la ville, il aperçut toute la population accourant à lui : il
crut que c'était une manifestation en sa faveur; mais s'étant
aperçu bientôt du contraire, il voulut fuir dans une plantation
d'oliviers et descendre de là, par un ravin, pour regagner son
canot et se sauver. Mais des soldats, envoyés le long de la
plage, l'atteignirent, en ce moment, et le firent prisonnier.
Murat vit alors le sort qu'on lui préparait; et, avec toute la
bravoure qu'on lui a connue, il découvrit sa poitrine, commanda
lui-même le feu, et mourut avec le plus grand courage. Ainsi
finit celui qui, de simple soldat, s'était élevé à un rang suprême.

et dont la chûte fut aussi terrible que sa fortune avait été surprenante et rapide.

Ischia n'est pas la ville la plus considérable de l'île. C'est Foria, située sur un petit promontoire. Longtemps menacée par les pirates de la côte d'Afrique, cette cité, ainsi que les autres points du littoral, doivent, à la conquête d'Alger, la sécurité dont ils jouissent aujourd'hui.

De retour dans notre barque, nous cinglâmes, pendant une heure, vers le rivage de Procida, île habitée par une population de quatorze mille âmes, dont les mœurs et les coutumes sont une imitation fidèle de ceux de la Grèce. Cette population se livre avec succès à un commerce fort étendu, et emploie un grand nombre de navires. Ses habitants passent pour les meilleurs marins de l'Italie.

A peine arrivés sur la rade, nous vîmes accourir une foule de jeunes filles dans un accoutrement pittoresque : robe courte, veste d'un vert sombre, galonnée d'or ou de soie, pieds nus, cheveux flottants sur les épaules ou noués sur la nuque, à l'aide d'un mouchoir aux couleurs brillantes ; tel était l'ensemble de leur gracieux costume. Les unes tenaient une mandoline ; les autres agitaient sur leurs têtes des tambours de basque. Elles chantaient en longues notes traînantes des airs marins, dont l'accent prolongé et vibrant avait quelque chose de plaintif. Elles attendaient le retour des barques de pêcheurs.

Procida , petite place entourée de fortifications antiques, occupe une position avantageuse sur une pointe haute et fort escarpée du côté de la mer. De cette pointe, appelée *Aleme*, semblable à un piédestal antique, s'élèvent des roches garnies de petites demeures, basses et carrées.

Des toits plats, en forme de terrasses, des escaliers placés à l'extérieur, donnent aux maisons de Procida une apparence tout orientale qui s'accorde d'ailleurs avec la mise de ceux qui les habitent.

Le château qui, jadis, avait quelque importance, est aujourd'hui tout démantelé et sert de rendez-vous de chasse. Les tristes murailles de ce manoir rappellent à l'esprit le nom du cruel Jean de Procida, seigneur de cette île et principal auteur du fameux massacre de 1284, connu sous la dénomination de *Vêpres siciliennes*. Jean de Procida, Gibelin fort attaché à la maison de Souabe, et brûlant de venger le sang de Conradin, trama ce triste complot contre Charles d'Anjou qui avait confisqué ses biens. Charles mourut bientôt avec la douleur d'avoir poussé ses sujets, par ses vexations et sa cruauté, à se livrer à cette violence extrême.

Remplis de ces tristes souvenirs de barbarie dont le moyen-âge nous a légué bien des exemples, nous détachâmes notre barque du rivage, et nous prîmes la direction de Naples. Déjà la nuit s'approchait et le calme du silence régnait sur la nature. Oh! si le jour n'est lui-même qu'une image de la vie : si les heures rapides de l'aube, du matin, du midi et du soir, représentent les âges si fugitifs de l'enfance, de la jeunesse, de la virilité et de la vieillesse : la nuit à son tour sera l'image de la mort. La mort! ne doit elle pas nous découvrir les splendeurs cachées du ciel, tout comme la nuit nous en étale les étoiles?...

Naples, jeudi 25 avril.

L'utilité des voyages est un fait incontestable. Le pays qu'on visite est semblable à un grand livre, dont chaque page fournit un enseignement. Celui qui n'a vu que son pays, n'a lu qu'un feuillet de l'histoire du monde. On peut bien, il est vrai, connaître, approfondir même, les faits historiques, mais jamais sans les voyages, on n'aura une idée fidèle, ni des mœurs, ni des coutumes des peuples : ces deux sources si fécondes, où l'on puise la connaissance de leur caractère distinctif.

En sortant de Naples, on chemine le long de cette côte animée et industrieuse, où les bourgs de Portici, Resina, Torre del Greco, Torre dell' Anunziata, se pressent l'un près de l'autre, et forment une sorte de quai bruyant, bordé de jolies villas, de maisons royales et de parcs somptueux.

Les premières splendeurs de l'aube, et la pureté inaltérable du ciel méridional, prêtaient un charme nouveau à la verdure.

A mesure que les rayons du soleil envahissaient les espaces, les paysages se coloraient de teintes si variées et si brillantes, que le regard se délectait à les contempler. A gauche, le Vésuve fumant apparaissait gigantesque et formidable. Nous saluâmes les merveilleuses ruines de Pompeia, et, traversant de riantes vallées qu'animaient de gracieux villages, nous entrâmes dans Nocera, ville célèbre par les vertus de saint Alphonse de Liguori.

Cette ville ne compte que 6,800 habitants. On prétend qu'elle a été fondée par les Pélasges Surrates. Devenue colonie romaine, elle fut saccagée par Annibal. Vers le troisième siècle, Nocera tomba au pouvoir des Sarrasins qui l'occupèrent pendant plusieurs siècles : de là, lui est venu le nom de *Nocera paganorum*, Nocera des payens.

Elle n'offre rien de curieux au voyageur profane, mais pour le pèlerin catholique, tout y parle du saint qu'on y vénère, et tout ce qui touche à ce grand homme y inspire le plus vif intérêt. L'illustre évêque repose dans l'église de saint Michel, qu'il a fait bâtir; son corps, orné des habits pontificaux, est placé sous l'autel de la chapelle qui lui est dédiée, de manière qu'il est exposé aux regards de tout le monde. Prosternés devant ce tombeau, nous payâmes aux restes sacrés qu'il renferme, un juste tribut d'hommage.

Heureuse terre d'Italie! Sur ce sol si fécond en grands hommes, on ne peut faire un pas sans rencontrer aussi les souvenirs d'un saint et la tombe bénie qui recouvre ses reliques vénérées. Terre de ruines et de débris, l'Italie, comme un vaste cimetière, est semée de pierres tumulaires et de monuments funèbres. Mais autour des tombeaux des saints planent, comme autant de génies célestes, des images riantes, des pensées de véritable gloire, d'espérance, de bonheur. Chacun d'eux est fécond en prodiges, et sous les fleurs qui les décorent se cachent des fruits nombreux de vie et d'immortalité. (*)

Derrière ce sanctuaire, on conserve la soutane violette, la crosse épiscopale, la mitre et les ornements d'autel de ce grand serviteur de Marie, ainsi que la statue de la sainte Vierge, devant laquelle il composait ses savants ouvrages ascétiques et théologiques, répandus de nos jours, non seulement en Europe, mais même dans la chrétienté tout entière. Dans sa *Théologie morale* il sonde les replis du cœur humain. Il s'y trouve rapporté, avec une simplicité admirable, tout ce qu'une longue pratique, jointe à une étude approfondie des saints pères et des théologiens, avait appris à un prêtre, dont la délicatesse de conscience était extrême, et qui, pour sauver une seule âme, aurait tout sacrifié, même sa vie.

Le supérieur du couvent, le père Trapanèse, homme d'une douceur angélique, nous permit de voir l'humble cellule, témoin de la mansuétude inaltérable, de la pauvreté évangélique et de la charité toute paternelle du saint. Un lit très ordinaire, trois vieilles chaises en paille, une petite table, une lampe en cuivre, un cierge qui avait brûlé près de son lit de mort, tel est l'ameublement de cet illustre évêque que Dieu suscita dans le dernier siècle pour instituer un ordre, dont la mission sublime est de rallumer partout le flambeau de la foi, qu'une prétendue philosophie s'était efforcé d'éteindre. Que de prodiges opérés par ces hommes apostoliques! Qui dira le nombre d'âmes arrachées au péché et rendues à Jésus-Christ! Ce ne sont pas quelques individus obscurs et perdus dans la foule ; ce sont des bourgs, des villes entières que le saint offre au Seigneur

(*) La Vierge et les Saints en Italie.

comme trophées de ses victoires. Nous n'exagérons rien : qu'on
lise les actes de la béatification, qu'on interroge les peuples, où
sont encore en honneur les pratiques établies par ce saint prêtre,
et l'on verra combien ont été prodigieux les fruits de son ministère.

Dérogeant au décret d'Urbain VIII, qui exige un intervalle de
cinquante ans avant de procéder à l'examen juridique des vertus,
Pie VII, en 1802, permit aux congrégations de s'assembler à ce
sujet. Le Seigneur ne tarda pas à manifester la gloire de son
serviteur : Pie VII, après les informations prescrites, porta le
décret de la béatification le 6 septembre 1816, et celui de la
canonisation fut publié par le Pape Pie VIII, le 16 mai 1830.

Nous nous sommes agenouillés dans ce lieu que les anges se
plaisaient jadis à fréquenter et qu'ils entourent encore de leur
garde. Nous y avons prié avec ferveur pour notre chère patrie.
Non, jamais on ne sent mieux combien l'amour du pays natal
touche de près au cœur, combien on aurait de la peine à vivre
loin de la terre, qui vous vit naître, que lorsqu'on foule un sol
étranger. Le fils le plus aimant, séparé de la mère la plus tendre
n'éprouverait pas de plus douloureux sentiments que ceux
qu'éveillent dans l'âme l'absence des foyers paternels.

En quittant Nocera, on entre bientôt dans une vallée ornée
d'oliviers, de vignes et inondée des flots de lumière que verse le
soleil de Naples. Au loin et derrière de verdoyants côteaux,
la mer étend le miroir de ses eaux bleuâtres. Au milieu de ce
délicieux vallon, comme au sein d'une corbeille de verdure et
de fleurs, apparaît la jolie petite ville de Cava, bâtie sur les
ruines de l'antique Marcina des Picentins. Les rues en sont
larges et toutes parées de portiques. Quoique le sol de son
territoire soit pierreux et stérile, les habitants le cultivent avec

tant de soins et d'industrie, qu'il ressemble partout à un grand
jardin.

Un sentier ombragé, se détachant de la route de Salerne,
s'enfonce dans les bois et les montagnes, pendant l'espace
de deux milles, et conduit le voyageur au monastère de la
Sainte Trinité.

Dans cette solitude grave et sévère, les chants des oiseaux
de la montagne, le murmure des ondes, le tintement des cloches
du monastère, sont les seuls bruits qui frappent l'oreille. Tout
cet endroit rappelle, en quelque sorte, le magnifique désert de
la grande Chartreuse des Alpes. Mais le désert de la Cava,
moins sauvage et moins sombre, est plus souvent éclairé des
rayons d'un brillant soleil.

Après avoir suivi la pente légèrement inclinée d'un précipice,
au fond duquel roule, avec un bruit monotone, un torrent
rapide, on trouve une montagne : et voilà que soudain apparaît
la façade de l'église, derrière laquelle s'étend la demeure des
religieux, au lieu dit de *Maletianum*.

Nous entrâmes, non sans une vive émotion, dans l'antique
couvent de l'ordre de saint Benoit, de cet ordre que nous
estimons tant, parce que l'Europe lui est redevable d'une partie
de sa civilisation, et que, dans les siècles d'ignorance, il sut
conserver le feu sacré qui devait plus tard éclairer le monde.

Le célèbre couvent de la *Cava* doit son origine à Alferio,
seigneur puissant à la cour des princes de Salerne. Jouissant
auprès d'eux d'un immense crédit, à cause de ses talents et de
ses vertus, il fut envoyé comme ambassadeur à la cour de
France. Mais un jour, visitant le monastère de *Saint Michel-
de-Clusa* en Bourgogne, il fut atteint d'une maladie grave, dans
laquelle il fit vœu d'embrasser la vie d'ermite, si Dieu lui

rendait la santé. Sa prière fut exaucée. La Providence lui ayant
fait rencontrer, vers ce même temps, Odilon, abbé de Cluny, il
le suivit dans son cloître où il prit l'habit religieux. On connut
bientôt à Salerne, sa patrie, la retraite du saint homme. Rappelé
par ses concitoyens, il se vit combler de marques d'honneur
par son souverain. Mais lui, dédaignant toutes les grandeurs
de la terre, se démit de ses emplois, et, gravissant la haute
montagne de Fenestra, il s'y bâtit une cabane, afin d'y mener
la vie solitaire des anachorètes. Or, la renommée de ses vertus
attira bientôt autour de lui de nombreux disciples. Alferio, les
rangeant sous ses lois, forma avec eux une sainte communauté.
Ayant reçu, en 1025, de Guaimard, prince de Salerne, la
crypte dite d'*Aricia* et une partie de la vallée de *Maletianum*,
le saint homme jeta dans ces lieux les fondements d'un monastère
qui prit le nom de *Cava*, et dont il fut le premier abbé. Il le gouverna dignement jusqu'à une extrême vieillesse. Alferio mourut
le 10 avril 1050; suivant quelques chroniques, il avait atteint l'âge
de cent vingt ans. Ses principaux disciples furent saint Léon,
son successeur; saint Alfano qui devint archevêque de Salerne.
et Didier, fils du prince de Bénévent. Tout enfant encore,
Didier avait vu son père expirer sous les coups des Normands;
déjà fatigué du monde à l'âge de quatorze ans, ce fils unique
d'une mère désolée s'était arraché d'entre ses bras pour s'enfuir
au désert. Cette pauvre mère s'en allait partout demandant à
grands cris qu'on lui rendît son fils; mais ayant découvert sa
retraite au sein des forêts, elle l'avait ramené dans sa demeure.
Lui, s'échappant une troisième fois, vint se ranger sous la
houlette d'Alferio. Plus tard, ce jeune enfant devint abbé
du Mont Cassin, puis cardinal, enfin, Pape sous le nom de
Victor III.

Le monastère de la *Cava* prit en peu de temps un accrois-
sement considérable. Là, chaque jour, on voyait accourir
de nobles chevaliers qui, à l'exemple du saint fondateur, préfé-
raient le titre de serviteur de Dieu à celui de maître des .
hommes. Bientôt l'enceinte du couvent ne pouvant plus contenir
la foule des religieux, grand nombre de princes et puissants
seigneurs élevèrent ailleurs des maisons pour les recevoir, et
les dotèrent richement. Les souverains pontifes leur cédèrent
aussi tant de monastères et d'églises, qu'en peu de temps l'abbé
de la *Cava* put compter, en Sicile, à Rome et à Naples, trois
cent trente-trois couvents, tous soumis à sa juridiction (*).

Le monastère actuel *di San Trinità*, est bien déchu de son
ancienne splendeur; une vingtaine de religieux et quelques
novices fréquentent seuls aujourd'hui ces immenses bâtiments et
cette vaste église, où se pressaient autrefois de longues files de
moines. En perdant ses possessions, cette intéressante abbaye
a conservé du moins le trésor de ses chartes, illustre mémorial
de sa gloire, de son antique science et de ses utiles travaux.
Pendant les guerres intestines qui, au moyen-âge, désolèrent
l'Italie, le monastère de la *Cava* devint l'asile où les particuliers
venaient déposer leurs titres de noblesse. Le respect universel,
dont les religieux étaient l'objet, formait une barrière autour
de leur couvent, dont, ni l'homme d'armes, ni le paladin, ni le
seigneur, si haut placé et si puissant qu'il fût, n'osait franchir le
seuil. On y conserve encore trente mille chartes originales des
rois lombards, des princes ou archevêques de Salerne, des rois
de Sicile et d'Aragon. L'histoire de l'Italie sous la domination des
Lombards et des princes normands, est là tout entière dans

(*) Chronique de la Cava.

ces feuilles détachées. Ce sont là comme autant de débris
précieux qui, rassemblés par une main habile, pourraient
former un superbe monument. L'Italie, cette noble terre, qui
a eu ses grands hommes, ses poètes inspirés, attend encore un
historien digne d'elle.

Le père archiviste qui nous accueillit avec cette bonté em-
pressée et affectueuse des religieux italiens, nous fit voir entre
autres choses : les belles éditions d'Alde Manuce, des juntes,
des Grifes et des Etienne, ainsi qu'une édition estimée des
œuvres de saint Jean Chrysostôme. Parmi les manuscrits, il
nous montrait une *Bible* du huitième siècle, très bien conservée :
précieux monument de la calligraphie de cette époque; une
Bible du treizième siècle, remarquable par l'élégance des caractères, la blancheur du vélin et la fraicheur des miniatures; le
codex legum longobardarum, de l'année 1004, un des trois
exemplaires connus et le plus précieux de ceux qui contiennent
les lois des rois d'Italie jusqu'à Lothaire II, avec des variantes et
des détails historiques. On visite avec un vif intérêt ces
archives, dont l'ordre admirable égale la richesse et l'importance.

Mais des trésors d'un autre genre, plus connus, plus chéris
du peuple, et surtout plus accessibles aux pauvres du Christ,
sont conservés dans l'église de la *Cava*. Parmi les reliques que
possède le beau temple, on vénère surtout celles de sainte
Félicité, noble dame romaine, qui, après avoir vu ses sept fils
mourir tous, en héros chrétiens, plutôt que de renier leur foi,
souffrit elle-même le martyre, trois mois plus tard, sous l'empereur Antonin.

Saint Grégoire le Grand, parlant de cette noble martyre,
s'exprime en ces termes : « Félicité, ayant sept enfants, crai-

gnait plus de les laisser sur la terre après elle, que les autres mères ne craignent de survivre aux leurs. Elle fut plus que martyre, puisqu'elle souffrit, en quelque sorte, ce que souffrait chacun de ses enfants. Elle combattit la huitième, selon l'ordre du temps; mais elle fut dans la peine durant toute cette scène sanglante; elle commença son martyre dans l'aîné de ses enfants, et ne le consomma que par sa propre mort. Elle reçut une couronne pour elle et pour tous ses enfants. En les voyant en proie aux tourments, elle ne perdit rien de sa constance. Comme mère, elle éprouvait tout ce que la nature fait souffrir en pareille circonstance; mais elle se réjouissait dans son cœur par les sentiments que lui inspirait l'espérance. » (*)

Le 10 juillet, jour de sa fête, toute cette église est merveilleusement parée de riches festons, de brillantes banderolles, de guirlandes et de fleurs. Les cris de joie et les chants de triomphe remplacent alors le calme habituel de l'admirable solitude de *Cava*. Dès le matin, au lever de l'aurore, des groupes de villageois, revêtus de leurs élégants costumes, s'acheminent vers le couvent pour offrir leurs pieux hommages à leur puissante protectrice, qui, entourée de ses sept fils, brille maintenant au ciel comme une radieuse étoile, dont la douce clarté, projetée ici-bas, réjouit et console les habitants de ces sauvages déserts.

Lorsque, il y a quelques années, le *cholera morbus* ravageait plusieurs provinces de l'Italie, lorsque Rome et Naples avaient déjà payé leur tribut à l'horrible épidémie, tout le bon peuple de ces montagnes vint se prosterner devant les restes de l'illustre martyre, la conjurant de lui être propice.

(*) Homel., III.

15

La sainte écouta ces voix suppliantes : aucun des villageois ne fut frappé. (*)

En quittant cet asile fortuné, où la piété, l'union, la charité, ont fixé leur séjour, nous emportâmes de bien touchants souvenirs de ces bons religieux, qui, quoique pauvres eux-mêmes, font pourtant bénir encore autour d'eux leur sainte prodigalité.

(*) La Vierge et les saints, chap XXVI.

Cava, vendredi 24 avril.

Etiam periere ruinæ.

Amalfi, l'Athènes du moyen-âge, où nous arrivâmes à la pointe du jour, est bâtie en amphithéâtre au milieu des orangers et des myrtes. Cette ville est citée avec raison par Boccace comme jouissant d'une des plus agréables positions de l'Italie. Jadis rivale heureuse de Venise par l'étendue de son commerce et par sa puissance maritime, elle est aujourd'hui presqu'entièrement abandonnée. C'est en vain qu'on y cherche son port, la place de ses chantiers et de ses arsenaux ; peut-être la Méditerranée s'est-elle élevée sur ces côtes, et a-t-elle couvert la plage? Ces lieux sont célèbres dans l'histoire de l'Eglise, et un éternel souvenir de reconnaissance s'y rattache. De ce port des flottes nombreuses transportèrent dans la Syrie, du temps des croisades, les intrépides Amalfiens qui s'y rendirent pour délivrer la Terre Sainte du joug des Musulmans, et pour planter l'étendard de la croix sur les murs de Jérusalem.

Les habitants de cette petite république prirent une part active aux expéditions glorieuses de notre Godefroid de Bouillon, et fondèrent, en 1020, à Jérusalem un hôpital qui fut l'origine de l'ordre illustre connu depuis sous le nom de *chevaliers de Malte*.

L'histoire d'Amalfi prouve bien, que dans les premiers siècles du moyen âge, il y avait plus d'activité dans le midi que dans le nord de l'Italie. Avant que Gênes, Pise, Venise, toutes les républiques marchandes du nord de l'Italie, se fussent fait connaître, Amalfi était déjà célèbre et florissant. S'il faut en croire les traditions locales, la cathédrale, bâtie sur l'emplacement d'un temple payen, ferait remonter à la plus haute antiquité, la fondation de la ville. A peine cependant parle-t-on d'Amalfi avant la fin du sixième siècle. Au milieu du douzième, après qu'elle eut été conquise par Roger, roi de Sicile, son nom s'effaça presque entièrement de l'histoire, au moment même où Gênes, Pise et Venise faisaient leur avénement au trône du commerce. Amalfi eut donc cette singulière destinée de briller dans l'intervalle qui sépare l'antiquité de la renaissance, et de ne pas paraître avec éclat dans aucune de ces deux périodes de la civilisation. En 1135, Amalfi fut saccagé et pillé deux fois par les Rigans; dès lors il perdit toute son importance, et cette ville qui avait mérité le titre de *reine des mers,* qui comptait une population de plus de 50,000 âmes, tomba au simple rang de cité secondaire. Ce fut à cette époque qu'on trouva, dans les décombres de la ville détruite, les *Pandectes* de Justinien, qui, sauvées de la destruction, donnèrent une si heureuse impulsion à l'étude du *droit romain.* Ce précieux manuscrit se conserve dans la riche bibliothèque *Laurentinienne* à Florence.

Pendant les temps intermédiaires, Amalfi dut sa fortune passagère aux relations particulières que le midi de la Péninsule avait conservées avec l'orient. La civilisation de Byzance agissait jusque sur ces côtes; les échanges avec les infidèles étaient aussi plus faciles et plus sûrs. Quelques unes des cités antiques eurent l'avantage de devenir des comptoirs et des marchés opulents. Peut-être Amalfi fut-il préféré des marchands à cause même de la difficulté qu'il y avait à en gravir les rochers qui empêchaient la surprise des abordages trop prompts. Ce qu'il y a de certain, c'est qu'au onzième siècle, cette ville entretenait des relations commerciales avec les Sarrasins, et qu'elle servait de lien entre l'Europe et l'Asie.

Aujourd'hui, comme une veuve désolée, tranquillement assise sur les rives silencieuses du golfe de Salerne, Amalfi regrette les beaux jours de son ancienne gloire. Il tente de les rappeler, mais hélas — sa voix éveille à peine les échos de ses vallées pour redire au monde sa triste complainte.

Les rues étroites et escarpées de cette ville se prolongent à travers des ouvertures pratiquées dans les rochers. Les ceps tortueux de la vigne et les branches dorées de l'oranger serpentent autour des blanches maisons, détachées comme des bas-reliefs sur la paroi verticale de deux montagnes.

La cathédrale, comme nous l'avons dit plus haut, bâtie sur l'emplacement d'un temple payen, est le seul monument de l'antique magnificence d'Amalfi. Les choses les plus remarquables qu'on y voit, sont deux belles colonnes de granit rouge, deux anciens sarcophages, un bas-relief de sculpture grecque et un vase de porphyre qui sert de baptistère. Mais le trésor le plus précieux que ce beau temple possède, est le corps de saint André apôtre, conservé dans un superbe tombeau. C'est

le cardinal **Pierre de Capoue** qui, après la prise de Constantinople par les Français, en fit la translation en Italie et le déposa
avec grande pompe dans cette cathédrale. (*)

Près de la cathédrale est le *Campo Santo*, vulgairement
appelé le *Paradis*. Ce cimetière, aujourd'hui abandonné, et
dans lequel ont été inhumés les plus illustres citoyens de la
république, a été dépouillé, depuis bien des années, de ses
mausolées et de ses pierres tumulaires.

En longeant la mer, on monte avec peine par un escalier
taillé dans le roc, au célèbre couvent des capucins, chef-d'œuvre
de l'architecture du moyen âge. Là, les étrangers trouvent une
hospitalité qui touche vivement le cœur. A la moitié de la hauteur
du rocher, le voyageur va prier devant un beau calvaire, représenté dans une grotte naturelle. Au sommet de ce rocher brille,
comme une lumière resplendissante, le signe de notre rédemp-
tion, l'étendard de la religion chrétienne. Au pied de cette
croix, on voit, dans l'attitude d'une profonde douleur, la Vierge
Marie; ses traits annoncent des angoisses et des tourments
inexprimables. A la base de la montagne sont rassemblés les
prophètes qui ont annoncé la Passion du Sauveur. Ce calvaire
au milieu d'une solitude émeut et semble nous dire : chrétiens
consolez-vous, vous ne souffrirez pas toujours ; vous aussi, vous
secouerez un jour la pâle et froide poussière de la tombe, pour
vous envoler dans une vie éternelle dont la mort sera bannie à
jamais!

Le couvent, bâti dans une des plus riantes positions, domine
la ville et la mer. Il est remarquable par son architecture grave,
par la combinaison austère de ses lignes, par sa position au

(*) Voir Ughelli, Italia sacra, tomo VII.

milieu d'un vaste amas de rochers. Dans les cloîtres on trouve de nombreux tombeaux élevés à la mémoire des bienfaiteurs de l'ordre. Au réfectoire, on nous montra deux gros volumes remplis d'inscriptions fort intéressantes, où le voyageur pieux exprime naïvement les sentiments qu'a fait naître en lui le séjour momentané dans ce lieu de sainte conversation.

Du point élevé de ce couvent, l'œil s'étend sur le golfe de Salerne, sur les montagnes qui en circonscrivent une partie, sur la plage unie qui s'abaisse presque au niveau de la mer, et sur la chaîne qui forme le promontoire de Licosa. Cette perspective est une des plus agréables dont on puisse jouir. Sans rien perdre du charme de son ensemble, elle reçoit un grand attrait de la mobile variété qu'on lui imprime en parcourant la côte. Les sentiers qui établissent la communication entre les rivages de la mer, ménagent au voyageur des excursions, qu'il ne doit jamais regretter d'avoir entreprises.

Amalfi révendique l'honneur d'avoir donné le jour au pêcheur Flavio Gioia, qui, au quatorzième siècle, inventa la boussole, en soutenant sur un vase d'eau, au moyen du liége, une aiguille aimantée ; merveilleuse invention qui ouvrit, pour ainsi dire, un monde nouveau. Les voyages auparavant étaient longs et pénibles ; on n'osait presque pas s'éloigner des côtes ; grâce à cette invention, on découvrit une partie de l'Asie et de l'Afrique, dont on connaissait à peine le littoral.

Ainsi l'Europe doit à cette petite ville une découverte qui, au moyen-âge, a exercé une immense influence sur la civilisation des peuples.

Non loin d'Amalfi se trouve le village d'Atrani, patrie du fameux Mazzaniello, qui donna à Naples un des plus curieux exemples de l'avénement du peuple au pouvoir de la politique·

En 1647, le royaume des Deux-Siciles avait à soutenir, à lui seul,
la guerre de Lombardie, et il était accablé d'impôts. Palerme
s'était révolté, tandis que l'insurrection de la Catalogne, qui
se mit sous la protection de la France, et celle du Portugal en
faveur de la maison de Bragance, signalaient le règne malheureux de Philippe IV. Les impôts s'augmentaient à Naples, et le
peuple, au lieu de présenter au pouvoir d'humbles requêtes,
murmurait hautement. Mazzaniello se mit à sa tête ; il était doué
de courage et d'une éloquence naturelle. La rébellion éclata
le 7 juillet. Mazzaniello arma cent mille hommes, fut le tyran
d'un peuple qui le prenait pour son libérateur, et l'effroi du
vice-roi qu'il fit fuir dans le château d'*Œuf*. Mazzaniello chassa
les sénateurs et les nobles, dispersa leurs trésors, immola leurs
gardes, et eût porté bien plus loin ses attentats, sans la prudente
conduite de l'archevêque, qui sut captiver sa confiance et son
respect. Le vice-roi fut obligé de promettre de supprimer des
impôts odieux. L'archevêque Filomarini aurait réussi à calmer
la sédition ; mais deux seigneurs, Monteleone et Caraffa, tentèrent
de faire assassiner Mazzaniello. Le coup ne réussit pas, et la
révolte prit un aspect plus redoutable. Enfin Mazzaniello eut
une conférence dans l'église des Carmes avec le vice-roi et
l'archevêque. On y signa un traité où furent rétablis les priviléges accordés par Charles-Quint. Mazzaniello, qui s'était
présenté avec des habits magnifiques, quitta aussitôt ses riches
habillements et se jeta aux pieds du vice-roi. Celui-ci le releva,
et l'admit à sa table. Mazzaniello était animé de bons sentiments;
il respectait, dans sa révolte, l'autorité royale, et ne s'attaquait
qu'au mauvais gouvernement des vice-rois; peut-être eût-il
réussi à faire sortir le bien de l'excès du mal, s'il eut été mieux
secondé, mais il s'environna d'intrigants et de traitres. Peu de

jours après, le 16 juillet, quatre bandits l'assassinèrent par
ordre, dit-on, du vice-roi. Le peuple ramassa ses membres
mutilés et les enterra avec une magnificence royale. Le vice-roi,
par politique, sans doute, envoya ses pages suivre le convoi.

On aime à s'arrêter à Atrani devant les portes de bronze de
l'église *San Salvatore*. Elles furent fondues, en 1087, et sont un
monument précieux et unique de l'ancienne prospérité de cette
côte. Une inscription nous apprend qu'elles furent commandées
par Pantaléon, fils de Pantaléon Viaretta pour le rachat de son
âme :

PRO MERCEDE ANIMÆ SUÆ.

De retour à Cava, nous nous dirigeâmes vers Salerne ; mais
l'heure était trop avancée pour pouvoir jouir encore du panorama de cette antique cité.

SALERNE.

Samedi, 25 avril.

Cette ville s'étend d'un côté jusqu'au bord du golfe auquel elle donna son nom, tandis que de l'autre elle s'élève en amphithéâtre jusqu'au château qui la domine. Le palais de l'intendant est la plus belle résidence des gouverneurs provinciaux du royaume. Son port, d'après une inscription, fut commencé par le fameux conspirateur des *Vêpres Siciliennes*, Jean de Procida, médecin de Salerne, ami intime et compagnon de Manfred. Ce port était jadis très fréquenté, mais aujourd'hui le commerce de Salerne est très restreint, et ses anciennes manufactures de drap ont beaucoup perdu de leur première perfection. L'ensemble de la ville est peu remarquable; ses rues sont étroites et pavées de lave; sa population ne s'élève qu'à onze mille habitants.

Salerne faisait autrefois partie du pays des Picentins dont

Ricentia était alors la capitale. Les Romains la fortifièrent et y
établirent une colonie. (*) Du temps des Lombards elle fit
partie de la principauté de Bénévent, dont le feudataire Grimoald fut obligé de démolir les fortifications, par suite d'un
traité conclu avec Charlemagne ; mais Grimoald ne tarda pas
à les faire reconstruire plus solides et plus fortes qu'auparavant. Vers la moitié du neuvième siècle, Salerne devint la
capitale d'une principauté indépendante, ce qui donna naissance à une foule de calamités dans toute la contrée napolitaine.
Au neuvième siècle Robert Guiscard s'en empara quoiqu'il
fut parent allié de Gilulfe II, seigneur d'Amalfi. Henri VI
réduisit cette ville en ruines. Peu à peu elle se releva de sa
chûte et s'embellit à tel point, que sous Charles d'Anjou, le
titre de prince de Salerne devint un attribut distinctif de
l'héritier du trône ; aujourd'hui ce titre est dévolu au second
prince royal, et le prince héréditaire prend celui de duc de
Calabre.

L'école de Salerne, fondée par les Bénédictins, s'était acquis,
au moyen-âge, une grande réputation, grâce aux Arabes qui y
accoururent en foule sous le règne du dernier prince lombard.
Ces peuples étaient dans ces temps, avec les moines Bénédictins, les seuls dépositaires de la science. Ils enseignèrent dans
cette ville la philosophie et surtout la médecine, science, dans
laquelle ils excellèrent particulièrement. Constantin l'Africain,
né à Carthage, homme d'une érudition rare, est généralement regardé comme un des fondateurs de l'école de Salerne.

La position de cette ville, bâtie sur le bord de la mer et
adossée contre une chaine de montagnes couronnées de forêts et

(*) Tite live, liv. XXXII, chap. 29

couvertes de plantes médicinales ou d'arbrisseaux balsamiques,
ne contribua pas peu à en rendre le séjour très-favorable à la
santé. Mais c'est surtout aux croisades qu'elle doit d'être reputée,
à juste titre, comme possédant dans ses murs la première école
de médecine de tout l'Occident. Au milieu du onzième siècle
vivait Gariopontus, médecin de Salerne, qui publia le *Pas-
sionarius Galeni*, recueil de médicaments, copié presque entièrement de Théodore Priscien. Peu de temps après lui vivait
Cophon, probablement aussi médecin de cette ville, qui écrivit
une thérapeutique générale dans le goût de son époque. Nicolas,
surnommé *Præpositus*, directeur de l'école de Salerne dans la
première moitié du douzième siècle, écrivit des antidotaires.
Vers cette époque Jean de Milan publia sous le titre de *Médecine de l'école de Salerne* un recueil d'aphorismes en vers latins
pour Robert duc de Normandie. Ce poëme, dont il ne reste
que le tiers (573 vers sur 1,259) a été publié avec notes par
René Moreau, Paris, 1625; puis travesti en vers burlesques par
L. Martin, en 1655, et paraphrasé en vers français par Bruzen
de la Martinière, en 1743, et par le docteur Lavacher de la
Feuverie, en 1782. Ces aphorismes sont en grande partie basés
sur la diversité des tempéraments.

Dans le même siècle, Romuald, évêque de Salerne, puis
médecin du Pape, et Egide, natif de Corbeil, près de Paris,
acquirent une grande réputation. Ce dernier écrivit, dans un
âge très avancé, un ouvrage sur le pouls, et un commentaire
en vers sur l'antidotaire de Nicolas de Salerne.

Dans le douzième siècle, cette célèbre école acquit, par les
ordonnances de Frédéric II, une renommée à laquelle peu
d'établissements semblables sont parvenus. Déjà Roger avait
soumis les médecins de Naples à un règlement fort peu différent

de celui des Arabes. Pour mettre ses sujets à l'abri des four-
beries des charlatans, Roger ordonna que tous ceux qui vou-
draient exercer l'art de guérir dans ses états, seraient tenus de
se présenter devant les autorités pour en obtenir la permission,
et que dans le cas où ils ne se conformeraient pas à cette disposition, ils encourraient la peine de l'emprisonnement et de la
confiscation de tous leurs biens. (*) Roger y ajouta encore
plusieurs ordonnances qui prouvent la haute réputation dont
jouissait cette école. Aucun étudiant en médecine ne pouvait
pratiquer dans le royaume de Naples s'il n'avait été préalable-
ment examiné par le collége médical de Salerne. Si la faculté
reconnaissait en lui une capacité suffisante, elle le nommait
maitre, *magister*, titre que les autorités royales confirmaient
lorsqu'il exhibait son diplôme. Le candidat, avant d'être admis
aux examens, devait prouver qu'il était issu d'un mariage
légitime, qu'il avait atteint l'âge de vingt et un ans accomplis, et
qu'il en avait consacré sept à l'étude de l'art. Il fallait qu'il
expliquât publiquement l'*articella* de Galien, le premier livre
d'Alvicenne, ou un passage des aphorismes d'Hippocrate. On
l'examinait aussi sur la physique et les livres analytiques
d'Aristote. Dans ce dernier cas, il prenait le titre de *magister
artium*. (**)

Une autre loi déterminait le nombre d'années que les élèves
devaient passer à l'école de Salerne. « Comme on ne peut faire
des progrès en médecine sans connaitre la logique, nous voulons et ordonnons qu'aucun individu ne soit admis à étudier cet
art, s'il ne s'est livré trois mois, au moins, à l'étude de la logique.

(*) Lindenbrog. cod. leg. antiq., pag. 806.
(**) Mazza, cap : IX.

Ensuite il s'occupera cinq années consécutives de la médecine, et en même temps de la chirurgie, qui forme une partie de cet art. Alors seulement, et jamais avant cette époque, il pourra être admis aux examens et obtenir le permis de pratiquer. (*) Cette loi obligeait encore le candidat à prêter le serment de se conformer aux règles observées jusqu'alors, *servare formam curiæ hactenus observatam*, d'informer les autorités royales lorsqu'un droguiste falsifiait les médicaments, et de traiter gratuitement les pauvres. (**) Après cinq années d'études, il était encore tenu de pratiquer, pendant un an, sous les yeux d'un médecin ancien et expérimenté. Une loi postérieure accorda aux villes de Salerne et de Naples le privilége d'être les seules universités du royaume.

Il était enjoint aux droguistes de se pourvoir d'une attestation de la faculté de médecine, constatant leur capacité, et de s'engager par serment à ne préparer les médicaments que d'après l'antidotaire de l'école de Salerne.

Frédéric soumit aussi les chirurgiens à la faculté de Salerne. Il les obligea de suivre pendant un an les cours de médecine de cette ville et de Naples. Au bout de ce terme, ils subissaient un examen.

La rébellion des Napolitains contre l'empereur Conrad IV, fils de Frédéric II, excita la colère de ce prince, qui infligea une punition sévère à la ville de Naples, en rendant un édit daté de 1252, par lequel il engageait tous les savants à se rendre à Salerne, afin d'en transformer l'école en université, mais il ne réussit pas dans le dessein qu'il avait de nuire à Naples : la mort le surprit en 1254, et Salerne resta en posses-

(*) Lindenbrog. pag. 808. — (**) Ibid.

sion de sa célèbre école de médecine, qui, malheureusement, au milieu du quatorzième siècle, perdit l'éclat dont elle avait autrefois brillé. (*)

Notre première visite dans cette ville, remplie de tant de souvenirs du moyen-âge, fut consacrée à la cathédrale, dediée à saint Matthieu. Ce vaste édifice gothique date du septième siècle. Reconstruit par Robert Guiscard, il fut restauré dans le goût moderne par l'architecte San Felice. Le vestibule ne manque pas de majesté; il est orné de colonnes antiques, enlevées aux temples de Pæstum, de sépultures des princes lombards, et d'un grand vase en granit oriental, taillé d'un seul bloc.

L'intérieur, enrichi de belles peintures, possède le mausolée du Pape saint Grégoire VII, qui mourut exilé dans cette ville, en 1085, pour avoir courageusement défendu les droits de l'Eglise contre ses oppresseurs. Ses dernières paroles furent touchantes : « J'ai aimé la justice et haï l'iniquité, c'est pourquoi je meurs en exil. » A ces mots un vénérable évêque lui dit : « Saint Père, vous ne pouvez mourir en exil, car la volonté de Dieu, vous a donné les peuples en héritage et les limites de la terre pour terme de juridiction. » Mais Grégoire n'entendait plus ces paroles, il avait déjà rendu le dernier soupir.

Un auteur protestant, le célèbre historien Jean de Muller, a tracé, en quelques lignes, le portrait de cet illustre pontife : « il eut le courage d'un héros, la prudence d'un sénateur, le zèle d'un prophète; il fut de mœurs pures et austères. » Cet éloge, bien précieux pour le catholicisme, fait justice de toutes les injures que saint Grégoire a eu à essuyer de la part des histo-

(*) Muratori, script. rer. ital. tom. XIII.

riens français. La France impie ne peut pardonner à ce pontife
d'avoir relevé la dignité du sacerdoce en ramenant le clergé aux
mœurs saintes de son état, et d'avoir abaissé l'orgueil d'un
prince qui s'arrogeait les droits de la nomination des évêques
de son royaume.

Une statue en marbre représente Grégoire VII debout, dans
une attitude de majestueuse fermeté.

Sur un bas-relief antique, servant d'ornement au tombeau
du cardinal Caraffa, l'ami et l'admirateur du saint pontife, on
lit cette inscription qui fait allusion à la statue dont nous venons
de parler :

HIC MORTUUS JACERE DELEGIT VIVUS,
UBI GREGORIUS SEPTIMUS PONTIFEX MAXIMUS
LIBERTATIS EJUSDEM (ECCLESIASTICÆ) VIGIL ASSIDUUS
EXCUBAT ADHUC, LICET CUBET.

« Vivant, il voulut après sa mort reposer là, où Grégoire
VII, souverain pontife, gardien vigilant de la liberté de l'Eglise,
la protège encore, quoique couché dans la tombe. »

Dans l'église souterraine, tout ornée de marbre, on vénère les
restes précieux de saint Matthieu. Rapportés du pays des Par-
thes, ils furent déposés à Salerne, en 1080. Ce fait est confirmé
par une lettre que saint Grégoire VII écrivait, cette même
année, à l'évêque de cette ville et dont Baronius fait mention
dans ses annales. (*)

Sur la tombe qui renferme le corps du glorieux apôtre,
s'élèvent deux autels, ornées de deux statues en bronze. On n'y

(*) Ad annum 1080.

célèbre le saint sacrifice de la messe, qu'avec une permission spéciale de l'archevêque.

Du quai spacieux et bien entretenu, la vue embrasse toute l'étendue du golfe de Salerne. A des distances très-rapprochées, se trouvent des tours carrées, destinées jadis à la défense des points accessibles de la côte, témoignant par leur délabrement actuel, de la sécurité dont jouit la société depuis la destruction des pirates : ce fut le dernier acte d'un gouvernement tombé. La France abusée a méconnu celui à qui elle devait la gloire et les avantages de l'expédition d'Alger.

Sur les rochers, au fond d'une crique, où les barques trouvent un asile, de petites chapelles présentent à la vue des marins l'image d'une madone, ou de quelque saint sous le patronage duquel le pays s'est placé. Pendant le jour, la couleur blanche de l'humble édifice; pendant la nuit, la lueur du cierge qui brûle en l'honneur de l'image vénérée, servent alternativement aux mariniers de guide et de fanal.

Ce n'est pas seulement par sa courbe régulière, et son importante étendue, que le golfe contribue à la beauté du tableau; les barques qui le sillonnent ont une forme qui leur est particulière, et qui lui donnent un aspect que n'ont pas les autres mers. Leurs mâts très courts supportent de longues voiles latines; la coupe élégante de ces barques donne une idée de l'extrême légèreté avec laquelle elles parcourent ce golfe pur et serein, comme un lac du Tyrol ou de la Suisse qu'illuminerait l'incomparable soleil de Naples.

De Salerne une route nouvellement tracée conduit à Pæstum. En la longeant, on arrive bientôt à la petite ville d'Eboli, ancienne colonie grecque, située sur le sommet d'une montagne et dans un pays très-fertile. Quoique le pays qu'on parcourt, n'offre

16

pas autant de beautés, ni de richesses, que celui de Naples à Salerne, néanmoins il n'est ni sans culture, ni sans agréments.

Avant d'arriver à Pæstum on trouve une maremme dont le défrichement promet d'heureux résultats, sous le rapport agricole, quoique sous celui de l'hygiène il ait produit des effets désastreux, effets d'ailleurs particuliers à ce genre d'exploitation. L'ouverture d'un sol abandonné pendant une longue suite d'années, occasionna des maladies, auxquelles un petit nombre seulement des habitants qui, les premiers ont osé s'y fixer, ont eu le bonheur d'échapper. Près de là le buffle pait au milieu des joncs et des roseaux. Quelques hommes à cheval courent à travers les troupeaux, en détachent un certain nombre d'animaux, et à l'aide de longues perches, terminées par un aiguillon, les chassent dans la direction qu'ils veulent leur faire prendre.

Quelques ruines nous annoncent que nous arrivons à Pæstum. A l'aspect de ces lieux solitaires, inanimés, où tout cependant rappelle de grands et d'antiques souvenirs, l'âme éprouve un sentiment pénible, et, tristement rêveuse, elle s'émeut de pitié sur le sort de l'infortuné Pæstum, et elle est tentée de dire : *Comment cette ville, autrefois si pleine d'habitants, est elle maintenant solitaire !*

PÆSTUM.

Elle ne sera plus jamais habitée, et ell
ne se rebâtira plus dans la suite de tous
les siècles.... Les pasteurs n'y dresseront
pas même leurs tentes, mais les bêtes
sauvages s'y retireront.
                    Isaïe chap. XIII

L'histoire de cette ville est remplie d'incertitudes et d'obscurités. Les uns attribuent sa fondation aux Phéniciens, d'autres aux Etrusques. Cependant l'opinion la plus probable est, qu'elle fut bâtie par les Sybarites, Grecs de la Doride, qui abordèrent sur cette plage d'où ils furent chassés plus tard par les Lucaniens, qui élevèrent, selon Strabon, les murailles de cette ville près des bords de la mer. Les Romains s'en emparèrent, l'an de Rome 480, changèrent son nom de *Possidonia* en celui de *Pæstum*, et lui donnèrent le titre de ville municipale. Pæstum conserva à ces nouveaux maitres un attachement si inviolable, qu'après les victoires d'Annibal, époque des plus grands désastres pour la République, elle envoya à Rome des candelabres d'or et des vases précieux, pour servir de subsides.

Depuis lors, cette ville est à peine citée dans les auteurs jusqu'au règne d'Auguste, où les poëtes célébrèrent la beauté des roses qui y fleurissaient deux fois par an avec une merveilleuse abondance. Elle reparait dans l'histoire du neuvième siècle, lorsque les Sarrasins, maitres de la Sicile, cherchant à s'emparer de l'Italie méridionale, s'établirent à Acropolis. Il est à présumer que c'est alors qu'eut lieu la première émigration des habitants de Pæstum, qui voulurent se soustraire au funeste voisinage d'une nation cruelle et féroce, toujours prête à susciter de fâcheux débats.

Au commencement du dixième siècle, les Sarrasins, pressés de toutes parts par les armées confédérées des ducs de Naples et de Gaëte, furent forcés d'abandonner Acropolis. Mais avant de partir ils firent des adieux homicides à la malheureuse ville. En une seule nuit, elle fut surprise, saccagée, incendiée, et presque entièrement détruite. Les habitants frappés de terreur, s'enfuirent tous, et cherchèrent un asile dans les montagnes, sans vouloir encore retourner dans un lieu qu'ils regardaient comme frappé par la vengeance céleste.

En 1080, Robert Guiscard fit faire des fouilles à Pæstum, et transporter à Salerne plusieurs colonnes de vert antique et autres objets précieux. Depuis lors, ces ruines paraissent avoir été complètement ignorées, jusqu'au milieu du dix-huitième siècle, où elles furent en quelque sorte retrouvées et signalées à l'admiration des voyageurs et des savants.

Les murailles de la ville, d'une circonférence de deux milles et demi, bâties en larges pierres, jointes les unes aux autres avec une rare précision, quoique sans ciment, donnent une idée de cette grandeur qui présidait à tous les ouvrages des anciens. Des quatre portes par où l'on entrait à Pæstum, il n'en reste plus qu'une seule, qui se compose d'un arc en pierre d'une hauteur de quarante-six pieds, avec des bas-reliefs dans la voûte, qui ont été détruits par le temps. On l'appelle aujourd'hui *porte de la Sirène*. Les quatre tours placées aux angles de cette porte étaient carrées et paraissent avoir été construites postérieurement à la muraille. Tout près de là on voit les ruines de l'aqueduc qui servait à conduire à Pæstum les eaux de *capo d'acqua* qui se trouve sur la cime élevée du mont *capaccio*. En s'avançant vers ce mont, on remarque d'autres débris considérables de cet aqueduc, auquel la grande coupe qui se voit à Salerne, servait de bassin.

Entrons maintenant dans cette ville de désolation. Le premier monument qu'on y rencontre, est celui qu'on a appelé le *petit temple*. On y monte par trois degrés, et il est environné d'une colonnade de trente-quatre colonnes isolées. La *cella*, située au milieu de la partie intérieure, est presque entièrement détruite; on en découvre à peine quelques restes. Dans le fond il existe une niche cintrée qui, sans doute, contenait une statue de Cérès à laquelle ce temple était dédié. En 1804, le surintendant des antiquités du royaume, faisait travailler au déblaiement de ce temple lorsque le retentissement d'une pierre, lui fit juger que la *cella* couvrait quelque cavité; il la fit lever, et il découvrit un sépulcre où gisait un squelette humain, entouré d'une grande quantité de vases de terre, sans figures, et qui, par leur forme, remontaient à une haute antiquité. On prétend que le personnage, inhumé dans ce lieu, était de la plus grande distinction, car Plutarque, dans la vie de Thémistocle, d'accord avec les écrivains les plus renommés des temps antiques, atteste que la loi, qui défendait d'inhumer dans les villes, n'était transgressée qu'en faveur des hommes illustres.

Près de ce monument se trouve le *temple de Neptune*, qui non seulement est l'édifice le plus vaste, le plus magnifique, mais encore le mieux conservé de tout Pæstum. Au milieu de son péristyle, orné de trente-six colonnes, mais sur une autre base s'élevait la *cella*, dont les murs sont presque entièrement détruits. La façade occidentale est également décorée de deux grandes colonnes semblables à celles du vestibule. L'architrave qui règne sur les quatre côtés du péristyle forme les profils de quatre lignes droites. Les entablements des chapiteaux ressortent à la partie intérieure et extérieure du péristyle. Toutes les parties de la construction, unies entre-elles sans aucun ciment, sont revêtues d'un léger enduit. Au milieu de ce temple on voit encore l'autel principal sur lequel on immolait les victimes.

En sortant du temple de Neptune, on passe à un troisième édifice qui a conservé intact son péristyle de cinquante colonnes. En entrant par la face orientale, on rencontre une façade de trois colonnes, flanquées de deux pilastres; celle du milieu est suivie en ligne droite d'une file de trois autres colonnes; file qui devait s'étendre, sans doute, jusqu'à la face occidentale. On présume que cet édifice n'était pas un temple, mais une *basilique*, c'est-à-dire, un lieu destiné à la réunion des magistrats.

Au midi de cette basilique, on découvre, à l'extérieur des murs de la ville, un ruisseau dont les eaux ont une vertu pétrifiante. Ce ruisseau s'appelait jadis *Salso*, mais on lui a donné aujourd'hui celui de *Capo di fiume*.

Le théâtre et l'amphithéâtre de Pæstum sont presque entièrement détruits. Il en reste à peine quelques fragments pour attester leur existence passée.

Lorsqu'on contemple les imposants débris des monuments publics de Pæstum, on est frappé de la solidité de ces colonnes massives qui, depuis des siècles, se soutiennent par un équilibre secret; car on ne voit ni ciment, ni barres de fer, ni aucun de ces procédés mécaniques que l'art a appliqués aux constructions modernes. L'intérieur des temples encombré de grosses colonnes, est fort étroit. Ce sont plutôt des enclos réservés aux prêtres et aux statues; le peuple était obligé de se tenir en dehors de l'enceinte sacrée. Ces sanctuaires, véritable expression du paganisme, brillants de grâce et d'élégance au dehors, étroits et sombres à l'intérieur, où loin des regards de la multitude se célébraient des mystères vains et criminels, convenaient assez bien à une société au sein de laquelle régnait l'esprit des ténèbres qui, par des dehors trompeurs, des images séduisantes, avait usurpé les hommages des aveugles mortels. Selon la juste remarque d'un auteur moderne, l'architecture des églises chrétiennes est vraiment remarquable; elle porte visiblement l'empreinte d'une destination élevée bien au-dessus des choses humaines. Pendant que les temples des payens restent attachés à la terre comme leurs pensées, nos églises montent vers le ciel. Ceux-là ne vous donnent nullement l'idée de l'infini; ils ne vous inspirent que de l'admiration pour la beauté des formes ; les églises chrétiennes sont toutes empreintes d'infini et de mystère; les temples du paganisme parlent aux sens, nos églises parlent à l'âme. Quand le christianisme a pris les formes payennes, il les a agrandies, sublimisées, il a élevé le Panthéon dans les cieux et en a fait le dôme de Saint Pierre.

Revenons à la comparaison de l'architecture payenne avec l'architecture gothique ou plutôt chrétienne; je l'avoue, il y a

dans les édifices payens, simplicité parfaite, goût exquis dans
les détails, harmonie dans l'ensemble, mais il y a chez les
chrétiens une simplicité plus auguste, plus d'originalité dans
les détails ; l'unité si haute, la riche variété n'existe point dans
le paganisme. Là, on n'entend point cette harmonie qui commence sur la terre et s'achève dans le ciel. Nos églises gothi-
ques n'ont rien de gai ou de sensuel au dehors, mais des formes
imposantes, et leurs flèches ravissent la pensée dans les cieux.
A l'intérieur nos temples mettent la créature dans ses véritables
relations de dépendance vis-à-vis du Créateur. Ces nefs immenses ne semblent-elles pas exprimer la grandeur infinie du
Dieu vers lequel monte la pensée de l'homme. Les saints mystères se célèbrent en présence du peuple ; le chœur est destiné
aux prêtres, la nef aux fidèles. Admirable symbole qui s'étend
à l'ensemble et aux détails. (*) »

Assis sur les débris des temples de cette antique cité, jadis si
opulente, aujourd'hui déserte et en ruines, nous nous écriâmes :
Est-ce là cette ville superbe qui étalait avec tant de pompe une si
grande magnificence ? Est-ce là cette ville qui faisait retentir les
airs de ses chants guerriers et de ses cris d'allégresse ? Voilà
les vestiges qui en restent : des ruines sur des ruines dans une
plaine déserte ?... La charrue trace ses sillons dans le même
lieu où vivaient les voluptueux Sybarites. On n'y rencontre plus
que quelques pauvres malheureux qui poursuivent les voyageurs
de leurs plaintes, pour en obtenir de quoi rassasier leur faim,
et soutenir leur misérable existence. L'opulence d'une cité de
commerce est changée en une pauvreté hideuse. Les temples
sont devenus le repaire des bêtes fauves, et de reptiles im-

_____

(*) Souvenirs d'Italie par le comte de Beaufort, lettre LXI.

mondes habitent le sanctuaire des dieux. Nous avons parcouru
cette terre ravagée. Nous avons visité les lieux qui furent le
théâtre de tant de grandeur, et nous n'avons vu qu'abandon et
solitude!... Rien n'interrompt ce silence, sinon les pas de
quelques étrangers errant au milieu des ruines, et les coups
de pioche de l'ouvrier qui tache d'extraire de la terre des trésors cachés, et le murmure monotone de la mer thyrrhénienne!
Où sont les flottes nombreuses qui, parties de ces bords, sillon-
naient les mers et gagnaient des batailles! Où sont les remparts, les portes magnifiques et le vaste port de Pæstum! Les
temples sont renversés, les palais sont détruits. La main de
Dieu a frappé cette ville voluptueuse; elle est tombée dans
le deuil et l'abandon; à peine quelques ruines subsistent encore
pour répéter à la postérité ces terribles et mémorables paroles :
C'est là cette cité souillée de crimes, où le vice avait un trône,
où l'encens brûlait pour des divinités infâmes , où le plus
dégradant libertinage exerçait son empire! Ainsi donc périssent
les ouvrages des hommes! Ainsi s'évanouissent les empires et
les nations !

SA SAINTETÉ PIE IX

à

Gaële.

SÉJOUR

DE

SA SAINTETÉ PIE IX

à Gaëte.

1848--1849.

--

Ibi est Ecclesia, ubi est Petrus.
S. Ambr. in Ps. n. 30.

S. E. le cardinal Mastaï Ferretti, proclamé Souverain Pontife, le 16 juin 1846, prit le nom de Pie IX et reçut les acclamations universelles du monde catholique. Dès son avénement au trône pontifical, ce souverain magnanime ne cessa de travailler au bonheur spirituel et temporel de son peuple; mais une faction impie, qui avait reçu le plus de bienfaits de ce pieux Pontife, osa attenter à la majesté du siége de Rome, à l'inviolabilité de la personne très sacrée de son auguste chef et au libre et légitime exercice de ses droits.

Le 15 novembre 1848, le comte Rossi, président du conseil des ministres fut lâchement assassiné; il reçut un coup de

poignard sur le seuil du palais de la chambre des députés. Une
réunion populaire fut convoquée aussitôt par les clubs, et se
tint sur la *piazza del popolo*. Cet attroupement, auquel s'étaient
joints les gardes civiques et les militaires de la garnison, ne tarda
pas à se porter au palais du Quirinal, défendu seulement par
quelques gardes suisses, la plupart armés de hallebardes. Monseigneur Palma, secrétaire du Pape et l'un des savants les plus
distingués de l'Europe, fut tué d'une balle au front par un des
assaillants. Des tentatives d'incendie furent essayées contre le
Quirinal, et on voulut forcer le palais par le canon, pendant
que Pie IX refusait d'admettre le ministère qu'on voulait lui
imposer.

Ayant dû, par une série de faits épouvantables, comme
chacun le sait, céder à la violence de la force, le Pontife se vit
dans la dure nécessité de s'éloigner de Rome et des Etats pontificaux, afin de recouvrer la liberté qui lui était ravie et dont il
devait jouir dans le plein usage de sa puissance suprême. Par
une disposition de la Providence, il se retira le 25 novembre
à Gaëte, où il reçut l'hospitalité d'un prince éminemment
catholique.

Les regards du monde entier se tournèrent alors vers le
Pontife exilé, et l'ingratitude du peuple romain, qui avait laissé
consommer ce forfait sur la personne de son Roi, de son Père,
ressortait avec d'autant plus d'évidence que tous les cœurs
étaient encore pleins du souvenir des bienfaits de Pie IX et de
ses touchantes vertus. C'est à Gaëte aussi que l'univers catholique
faisait parvenir aux pieds du Saint Père ses vœux, ses douleurs,
ses espérances. C'est là qu'arrivaient les innombrables témoignages de vénération et de dévouement, que les fidèles de tous
les pays semblaient avides de prodiguer au successeur de saint

Pierre. Mais les catholiques ne se bornaient pas à consoler le Saint Père, par le témoignage spontané de leur douleur et de leur admiration ; ils savaient que, dans ces circonstances difficiles, Pie IX avait surtout besoin des lumières et du secours d'en haut ; et c'est vers Dieu, le suprême consolateur, que tous les regards se tournèrent, quand on songeait à ce Pontife affligé. Tous les évêques du monde catholique demandèrent aux fidèles des prières publiques et solennelles pour le Saint Père. Toute la chrétienté adressa des supplications ferventes au Tout-Puissant pour implorer ses miséricordes sur les afflictions qui accablaient l'Eglise dans l'auguste personne de son chef.

Une autre source de consolation pour Pie IX, était de voir les développements que prenait chaque jour cette idée généreuse qui était venu au cœur des catholiques, de contribuer par des dons volontaires à soulager le dénument du Père commun des fidèles, à qui Rome, plongée elle-même dans la misère, ne pouvait plus offrir les ressources nécessaires pour soutenir l'éclat de sa dignité. L'exil du Saint Père ne devait point arrêter autour de lui le cours de l'administration ecclésiastique : qui ne sait toutes les charges qui pèsent sur son gouvernement? Le soin des chrétientés lointaines, le développement merveilleux de l'apostolat parmi les populations idolâtres, la protection des églises établies dans les états des princes infidèles, exigeaient des dépenses auxquelles ne pouvait alors suffire le trésor pontifical. Il y eut chez toutes les nations catholiques un mouvement spontané pour organiser des commissions de secours qui devaient recueillir tous les dons, depuis l'obole du pauvre jusqu'aux offrandes les plus considérables des riches, pour en former un trésor connu sous le nom si heureusement trouvé de *denier de Saint Pierre*. Tous les évêques adressèrent aux curés de leurs diocèses des lettres pastorales, pour les inviter à recueillir des mains de leurs paroissiens cette intéressante aumône, à laquelle pas un vrai catholique ne pouvait se refuser.

Un des premiers actes du Souverain Pontife, au fond de son exil, devait être de protester contre les violences dont Rome était le théâtre, et contre l'attentat fait à son autorité indignement méconnue. Entouré de plusieurs membres du Sacré Collége et des représentants de toutes les puissances avec lesquelles il est dans des relations amicales, le Saint Père ne tarda pas un moment à élever la voix et à proclamer dans l'acte pontifical du 27 novembre, (*) les motifs de sa séparation momentanée d'avec ses sujets, la nullité et l'illégalité de tous les actes émanés du ministère issu de la violence, et à nommer une commission de gouvernement qui devait prendre la direction des affaires publiques durant son absence de ses Etats.

Sans avoir aucun égard à la manifestation des volontés du Saint Père si hautement exprimées, et parvenant par des prétextes mensongers à tromper sur leur valeur la multitude inexpérimentée, les auteurs des violences sacriléges passèrent à de plus coupables attentats, s'arrogeant les droits qui n'appartiennent qu'au souverain, en instituant un illégitime fantôme de gouvernement sous le nom de *Junte provisoire et suprême d'Etat.* C'est contre ce grave et sacrilége forfait que le Saint Père a protesté par son acte du 17 décembre 1848, où il déclare que cette *Junte d'Etat* n'est autre chose qu'une usurpation du pouvoir souverain, et ne peut avoir aucune autorité.

(*) Voir Revue Cath. n. 10, 1849. Bref de Sa Sainteté Pie IX à ses sujets bien aimés.

Cependant Pie IX, calme et résigné dans ses malheurs, chercha les consolations au pied des autels. Sa Sainteté voulut visiter le sanctuaire de la *Trinité*. La garnison de la place, en grand uniforme, se trouvait sur la batterie Philipstal. Le Pape monta en voiture avec le roi et la reine de Naples; les princes, les cardinaux, les ministres étrangers suivaient dans les voitures royales. Au milieu du chemin, le Saint Père descendit de voiture, et ayant gravi un petit tertre qui domine la cité, il bénit le roi et les troupes.

Le prieur du couvent célébra la messe en présence du Pape. Le divin sacrifice terminé, le Saint Père voulut donner lui-même au roi la bénédiction du très saint Sacrement. Après s'être approché de l'autel et mis à genoux pendant que tous les assistants prosternés attendaient la bénédiction, Pie IX, cédant tout-à-coup à un transport surhumain, avec une ferveur angélique, la voix haute et profondément émue, se mit à parler au Dieu présent sur l'autel. Qui pourrait décrire l'émotion, que produisirent dans le cœur des auditeurs étonnés, ces paroles mémorables et d'une inspiration surnaturelle?

» Dieu tout-puissant, mon auguste Père et Seigneur, voici à vos pieds votre vicaire très-indigne, qui vous supplie du fond de son cœur, de répandre sur lui du haut du trône éternel où vous êtes assis, votre bénédiction. Dirigez, ô mon Dieu, dirigez ses pas, sanctifiez ses intentions, régissez son esprit, gouvernez ses actes, soit sur ce rivage où, dans vos voies admirables, vous l'avez conduit, soit dans quelqu'autre partie de votre bercail où il doive chercher un asile. Puisse-t-il être toujours le digne instrument de votre gloire et de la gloire de votre Eglise, trop en butte, hélas! aux coups de vos ennemis!

« Si pour apaiser votre colère, justement irritée par tant

17

d'indignités qui se commettent en paroles, en écrits, en actions,
sa vie même peut être un holocauste agréable à votre cœur, de
ce moment il vous l'offre et la dévoue! Cette vie, vous la lui
avez donnée, et vous seul êtes en droit de la lui enlever
quand il vous plaira. Mais, ô mon Dieu! faites triompher
votre gloire, faites triompher votre Eglise! Confirmez les bons,
soutenez les faibles, réveillez du bras de votre toute-puis-
sance tous ceux qui dorment dans les ténèbres et les ombres
de la mort!

« Bénissez, Seigneur, le souverain qui est ici prosterné devant
vous, bénissez sa compagne, bénissez sa famille, bénissez tous
ses sujets et sa fidèle armée. Bénissez avec les cardinaux tout
l'épiscopat et le clergé, afin que tous accomplissent, dans les
voies de votre loi sainte, l'œuvre salutaire de la sanctification
des peuples. Soutenus par cet espoir, nous pourrons nous
préserver dans le trajet de ce pèlerinage terrestre, contre les
embûches des impies et les piéges des pécheurs, et aborder,
un jour, au rivage de l'éternelle sécurité. »

Que toute l'Eglise se glorifie de ce Pontife, qui, sur la terre
d'exil, ne trouve dans son cœur que les accents de la charité
la plus tendre et des prières de bénédiction pour ses persécu-
teurs, et qui s'offre comme une victime d'immolation pour la
paix de l'Eglise et du monde.

La douce fête de l'Immaculée Conception de Marie offrit au
Pontife affligé une source abondante de joie et de confiance.
Sa Sainteté se rendit, ce jour, à la cathédrale, où Elle fut reçue,
à l'entrée de l'église, par l'évêque de Gaête et son chapitre.
Le Saint Père célébra le divin Sacrifice au maître-autel, assisté
des cardinaux Antonelli et Macchi, en présence du roi, de la
reine, de la famille royale et de toute la cour. Sa Sainteté donna

la communion à la famille royale, à quelques membres du corps diplomatique et à un grand nombre de fidèles.

Le jour de *Noël*, Sa Sainteté se rendit, en grande cérémonie, à la cathédrale, où Elle fut reçue par l'Evêque à la tête du clergé. Tout le corps diplomatique y était réuni en grand costume. L. L. M. M. et la famille royale y arrivèrent un instant après. Le Pape, après avoir prié dans une des chapelles latérales, monta au maître-autel, où il célébra la messe. Après l'action de grâces, il retourna au palais, en recevant le témoignage du plus profond respect de la part de la population, qui était accourue sur ses pas.

Le corps diplomatique auquel s'était joint M. Creptovich, ambassadeur de Russie près de la cour de Naples, se présenta bientôt pour rendre hommage à Sa Sainteté. L'ambassadeur d'Espagne prit la parole et exprima, au nom de tous, dans les termes les plus touchants, le vif intérêt que prenaient leurs gouvernements respectifs à la cause sacrée du Souverain Pontife.

Le Saint Père répondit : « Les nouvelles démonstrations d'affection et d'intérêt du corps diplomatique envers Nous, réveillent dans Notre cœur de nouveaux sentiments de reconnaissance et de contentement. Vicaire bien qu'indigne de l'Homme-Dieu dont nous célébrons aujourd'hui la naissance, toute la force que Nous avons déployée dans les jours de l'affliction, Nous est venue de lui, et c'est aussi de lui que nous vient la grâce d'aimer nos sujets et fils, dans le lieu où Nous Nous trouvons temporairement, de cet amour que Nous avions pour eux lorsque Nous résidions dans notre ville de Rome.

« La sainteté et la justice de notre cause fera que Dieu inspirera, Nous en sommes certain, de salutaires conseils aux gouvernements que vous représentez, afin qu'elle obtienne le triomphe, qui est en même temps le triomphe de l'ordre, de l'Église catholique, intéressée au plus haut degré à la liberté et à l'indépendance de son Chef. »

L'année 1848 fut close à Gaëte par une cérémonie solennelle. Le 31 décembre, le Saint Père accompagné de L. L. E. E. les cardinaux Macchi et Antonelli, se rendit à la cathédrale, où étaient déjà arrivés le roi, la reine, les princes et les princesses de Naples, ainsi que le corps diplomatique. Le *Te Deum* fut chanté et son S. Em. le cardinal Altieri donna la bénédiction du saint Sacrement. C'est ainsi que des actions de grâces ont été rendues au Dieu des miséricordes pour les nombreuses faveurs et les secours particuliers qu'il a daigné répandre sur une année marquée par de si grandes et de si périlleuses commotions. Cette même cérémonie se célèbre annuellement à l'église du *Gesù* à Rome.

Cependant le Saint Père espérait toujours que ses protestations rappelleraient enfin ses sujets égarés à leurs devoirs de fidélité et d'obéissance; mais un nouvel acte de félonie et de rebellion vint mettre le comble à son affliction. On décréta la convocation d'une assemblée générale des États-Romains, pour arrêter les nouvelles formes du gouvernement. Par un *motu proprio,* (*) le Saint Père protesta solennellement contre cet acte, et le condamna comme un énorme et sacrilége attentat contre son indépendance et contre ses droits. Il défendit à chacun de ses sujets d'y prendre part, les avertissant, que, quiconque oserait attenter à la souveraineté temporelle des Pontifes romains, encourrait les censures et spécialement l'excommunication majeure, peine qu'il déclara être encourue déjà

(*) Voir cet acte solennel, *Ami de la religion,* n. 4724.

par ceux, qui, en quelque manière que ce fût et sous des prétextes mensongers, avaient violé et usurpé son autorité pontificale.

Malgré les efforts désespérés, tentés par le parti révolution-
naire pour entrainer les populations au parjure et à la rebellion, la majorité des sujets resta fidèle à son souverain.

Exaspérée de voir ainsi ses desseins avortés, l'anarchie jura
de s'en venger en consommant, jusqu'au bout, l'œuvre de sa
félonie. Le signal fut donné. Bientôt l'audace du crime ne
connut plus de bornes. Au grand jour, on vit s'ourdir des
trames d'une incroyable noirceur. Le règne du Christ dût faire
place à celui de la violence et de la terreur. Alors, au nom
profané du Dieu de l'Evangile, il partit du Vatican des décrets
impies, inouïs, dérisoires. Sous l'égide de ce despotisme, né
du sang versé par un sicaire (*), les attentats les plus noirs
reçurent leurs applaudissements; il n'est pas jusqu'au meurtre,
même, qui ne dût subir l'apothéose!... C'est que ce bouleve-
sement subit et général d'un ordre de choses, que dix-huit
siècles virent debout, avait eu son contre-coup dans l'esprit des
masses. Le vertige avait saisi les têtes. L'immoralité se déve-
loppa sous toutes les formes et dans des proportions effrayantes.
Plus de frein désormais aux aveugles fureurs du vandalisme,
à la solde de l'impunité triomphante! Ce qui porte l'empreinte
de la sainteté et du génie, est marqué d'avance pour le sacrilége
ou pour la destruction : les sanctuaires du Très-Haut sont
convertis en repaires de brigands, et pour tromper des
ennuis de caserne, une soldatesque stupide s'y distrait en
mutilant des chefs-d'œuvre incomparables! Ah! si elle eut été

(*) L'assassin du comte Rossi.

condamnée à gémir quelque temps encore, sous le fléau de
l'anarchie qui a décimé la fleur de ses enfants, peut-être qu'à
l'heure où nous écrivons ceci, Rome, la ville éternelle, la capitale du monde chrétien, eut cessé d'avoir rang parmi les cités
de la terre !

Dans cet état de choses le Saint Père s'adressa de nouveau
aux puissances catholiques pour solliciter leur appui dans
l'exercice de son indépendance et de ses droits. (*)

Cependant la constituante romaine prononçait (**) la déchéance du Saint-Père, proclamait la république et se mettait à
imiter servilement les actes les plus odieux de la première
révolution française. Pendant que ces faits se passaient à Rome,
Pie IX protesta énergiquement contre les spoliations ordonnées
par les décrets de la constituante, et chargea le cardinal Antonelli d'en adresser une note au corps diplomatique. (***)

Le Jeudi Saint, le Souverain Pontife se rendit à l'église
cathédrale, où il administra le sacrement de la confirmation à S. A. R. le prince Alphonse, comte de Caserte. Le Saint
Père célébra ensuite la messe, pendant laquelle il distribua
le pain eucharistique, en accomplissement du devoir pascal,
aux cardinaux, aux familles royales de Naples et de Toscane,
à la cour pontificale, au clergé du diocèse, à plusieurs prêtres
étrangers et napolitains, au corps diplomatique, et à un grand
nombre d'étrangers qui se trouvaient à Gaëte.

Après le saint sacrifice, le Pape se retira dans son palais,
où il resta jusqu'à ce que mgr. l'archevêque eut terminé
les fonctions pontificales propres à ce jour; après quoi, accom-

(*) Voir l'Ami de la religion, n. 4743, note adressée par S. E. le cardinal
Antonelli aux représentants des puissances.

(**) Le 9 du même mois. — (***) Voir l'Ami de la religion, n. 4748.

pagné du Sacré-Collége, du corps diplomatique et des officiers
des bâtiments français, espagnols et napolitains, qui se trouvaient en rade, il retourna processionnellement à pied à la
cathédrale, où, ayant revêtu les habits pontificaux, il lava les
pieds à treize prêtres, en imitation de l'exemple d'humilité
donné par Notre Seigneur.

Après avoir déposé ses ornements, Sa Sainteté fut conduite dans une des salles de l'archevéché, où Elle bénit et
servit aux mêmes prêtres les mets qui lui étaient apportés par
Mgr. le nonce, par l'archevêque diocésain, par les prêtres
présents à Gaëte, et par les *monsignori* de la cour. Après le
repas, le Saint Père rentra dans son palais.

Dans l'après-midi, Sa Sainteté, accompagnée du Sacré-Collége,
des cardinaux, de la famille royale de Naples, du corps diplomatique et des prêtres qui, dans la matinée, avaient représenté
les apôtres, alla processionnellement à pied visiter les chapelles
ardentes dans les églises de saint Joseph, de la cathédrale, de
sainte Marie la *Sorresca*, de l'Annonciation et de saint Biagio.
Le cortége était ainsi disposé : un piquet de carabiniers suivi
d'un piquet de grenadiers de la garde en grande tenue, conduit
par quatre capitaines du même corps. Venait ensuite la croix
papale, portée par un prélat, sous-diacre apostolique, faisant
fonction d'auditeur de *Rote*, et entouré de la cour pontificale,
qui, ayant à sa tête mgr. Garibaldi, nonce apostolique à Naples,
précédait le Souverain Pontife. Le Sacré-Collége suivait, répon-
dant aux prières que Sa Sainteté récitait avec une profonde et
édifiante piété. Immédiatement après, venaient la famille royale,
les treize prêtres et le corps diplomatique, tous en grand costume. A droite et à gauche, une compagnie de la garde s'avançait sur deux files tout le long du cortége.

Le Vendredi Saint, le Pape, pour satisfaire sa dévotion envers
l'instrument du salut des hommes, se rendit à l'église où, après
s'être déchaussé, il vénéra le crucifix. Le même hommage fut
rendu à la croix par les cardinaux, le roi et les princes, ainsi
que par tous les hauts dignitaires des cours pontificale et
royale, du corps diplomatique et de l'armée. Sa Sainteté alla
ensuite à la chapelle où le saint Sacrement était exposé à la
vénération des fidèles. Après la messe, le Saint Père se dirigea
processionnellement vers le *Monte Spaccato*, où, suivant une
pieuse tradition, un rocher se fendit à la mort du Sauveur.

Le Samedi Saint, lorsque le *Gloria in excelsis* eut été entonné
dans la cathédrale par monseigneur l'archevêque de Gaëte, les
forts de la place et les bâtiments à l'ancre firent entendre des
salves d'artillerie pour fêter la résurrection du Sauveur. Après
le service divin, Sa Sainteté reçut les félicitations des autorités
municipales de la ville.

Le jour de Pâques, le Saint Père, accompagné des cardinaux
Riario Sforza et Antonelli, se rendit à la cathédrale, où il célébra la messe. On y voyait dans les stalles du chœur, d'un côté
les cardinaux, de l'autre, le roi, la reine et toute la famille royale,
ainsi que le grand-duc et la grande-duchesse de Toscane, accom-
pagnés de leur suite ; les cours des deux souverains, le corps
diplomatique et l'état-major du roi en grande tenue y assistaient
également. Après la messe, Sa Sainteté se rendit à l'archevêché
où Elle monta au balcon magnifiquement orné, et, en face
duquel prit place le cortége d'augustes personnages et de dignitaires qui composaient ce jour là la cour du Pape. De cette
hauteur, revêtu de ses habits pontificaux, et le front ceint de la
tiare, le Souverain Pontife donna la bénédiction papale. A peine
avait-il élevé le bras vers le ciel, que tous les bâtiments en

rade, ainsi que la forteresse se pavoisèrent et firent entendre des salves d'artillerie, pendant que toutes les cloches des églises sonnaient à pleine volée.

Dans le consistoire secret tenu bientôt après, (*) le Saint Père prononça une allocution touchante sur la situation des Etats Romains, au point de vue de l'intervention étrangère, document de la plus haute importance qui retrace, dès l'origine, les causes et les effets des événements déplorables qui se sont passés dans les Etats pontificaux. (**)

Les puissances se rendirent enfin aux sollicitations du Saint Père, et l'expédition française, autorisée par un décret de l'assemblée nationale, débarqua le 25 avril à Civita-Vecchia sans coup férir. La plus grande partie du corps expéditionnaire marcha vers Rome. Les troupes s'avancèrent, sans obstacle, jusque sous les murs de la ville; mais elles échouèrent dans la tentative d'y pénétrer. Arrêtées par les barricades et exposées à corps découvert aux balles qui partaient des maisons, où les étrangers qui formaient la garnison s'étaient retranchés, elles durent se retirer et rebrousser chemin. En attendant des renforts, elles occupèrent une forte position à quelque distance de la ville. La crainte d'endommager les monuments arrêta longtemps l'activité de l'attaque; mais l'habileté des opérations vainquit enfin la résistance désespérée des rebelles, et les troupes françaises, sous le commandement du général Oudinot, entrèrent à Rome, (***) où l'autorité du Saint Père fut rétablie. Immédiatement après,(****) Sa Sainteté adressa une proclamation

(*) Le 25 avril 1849.
(**) Allocution de Sa Sainteté : *Quibus quantisque malorum.*
(***) Le 3 juillet 1849. — (****) Le 17 du même mois.

à ses sujets bien-aimés, dans laquelle son cœur paternel exprima le désir de revenir bientôt parmi eux, pour s'occuper de leur vrai bonheur, en oubliant tous les outrages faits à sa personne sacrée. Elle institua une commission, composée de trois cardinaux, pour gouverner en son nom. Néanmoins des causes, indépendantes de sa volonté, retinrent encore sur la terre d'exil, le magnanime Pontife.

Cependant le Saint Père voulut donner à la famille royale qui lui avait donné l'hospitalité, une preuve non équivoque de sa vive reconnaissance. Il conféra le sacrement du Baptême à la princesse royale Marie-des-Grâces-Pia, fille du roi des Deux-Siciles, et lui fit don de la *Rose d'or*.

On sait que l'institution de la *Rose d'or* est antérieure à la date de 1049, où le Pape saint Léon IX, gouvernait l'Eglise. Cette *Rose* est bénite par le Souverain Pontife, le quatrième dimanche du carème, et ointe de baume, mêlé de musc. Le Pape en fait don à un souverain, à quelque illustre personnage, à une église, et parfois à une cité.

La signification du symbole de la *Rose d'or* a rapport au mystère du quatrième dimanche du carème appelé *Lætare*, et aux paroles de l'oraison que récite le Souverain Pontife en la bénissant, ainsi que l'explique Benoît XIV dans sa lettre où il rapporte les noms des souverains et des personnages à qui elle a été donnée.

Le Saint Père chargea de la cérémonie son ablégat mgr. Joseph Stella, camérier secret, qui, muni du bref apostolique, devait offrir à Sa Majesté, selon le rit prescrit, la Rose et deux autres brefs de Sa Sainteté. Vers les dix heures du matin, s'étant rendu au palais, l'ablégat officia dans l'oratoire privé de Leurs Majestés en présence du roi, de la reine, des princes, des

princesses et de toute la cour. Sur l'autel fut placé un vase d'or,
aux armes de Sa Sainteté, au milieu duquel s'élevait un gracieux
rosier du même métal, dont la fleur la plus apparente contenait
le baume et le musc. Apres l'*Ite, missa est*, l'ablégat et les
augustes personnages s'assirent. Un des prêtres assistants
donna lecture du bref par lequel Sa Sainteté délègue l'ablégat
pour offrir la Rose en son nom. S. Excellence le comte Rudolf,
ambassadeur de Sa Majesté près du Saint Siége, lut le bref
adressé à la reine, et remit au roi l'autre bref qui lui était
destiné. Après on prit le vase sur l'autel; la reine étendit
la main comme pour le soutenir, et l'ablégat lui adressa ces
paroles :

» Accipe Rosam de manibus nostris, quam ex speciali com-
missione in Christo Patris et Domini nostri Pii divina Pro-
videntia Papæ noni nobis facta, Tibi tradimus, per quam
designatur gaudium utriusque Hierusalem, scilicet triumphantis
et militantis Ecclesiæ, per quam omnibus Christo fidelibus
manifestatur flos ille speciosissimus, qui est gaudium et corona
sanctorum omnium.

« Suscipiat Majestas Tua, quæ secundum sæculum nobilis,
potens et multa virtute prædita es, ut amplius multa virtute a
Christo Domino nobiliteris, tanquam Rosa plantata super
rivos aquarum multarum, quam gratiam ex sua infinita cle-
mentia Tibi concedere dignetur, qui est Trinus et Unus in
sæcula sæculorum amen. »

« Recevez de nos mains cette Rose que nous vous donnons
d'après l'ordre exprès que nous en avons reçu de Notre Saint
Père et Seigneur en Jésus-Christ, le Pape Pie IX glorieusement
régnant par la disposition de la Providence divine. Cette Rose
est à la fois le symbole de la Jérusalem triomphante et de

l'Eglise militante, et fait connaître à tous les vrais serviteurs de Jésus-Christ cette fleur d'éclatante beauté qui est la joie de tous et un ornement de leur couronne.

« Que votre Majesté, qui selon le monde est noble, puissante et ornée des plus belles qualités, reçoive cette fleur, afin que notre Seigneur Jésus-Christ rehausse encore l'éclat de votre rang, en vous enrichissant de nouvelles vertus, et que vous soyez comme une Rose plantée sur les bords d'eaux abondantes, grâce que nous prions de vous accorder dans sa miséricorde infinie, Celui qui est Trinité et Unité dans les siècles des siècles. »

La reine ayant baisé la Rose, l'ablégat lui annonça de la part de Sa Sainteté qu'une indulgence plénière était accordée à Leurs Majestés et à tous les membres de la famille royale.

Le 4 septembre, Pie IX quitta cette ville (*), où l'avait accueilli, avec un amour vraiment filial, le pieux monarque des Deux-Siciles, qui, secondé par la dévotion de sa royale famille, prodiguait ses soins assidus au Pontife et adoucissait son exil. Sa Sainteté se dirigea vers Naples. C'est dans le modeste asile de Gaëte que l'on a pu voir briller ses vertus d'un éclat aussi vif que celui dont il brillait par la majesté de son rang sur le siège des successeurs de saint Pierre. L'histoire n'oubliera ni ses malheurs, ni l'héroïque fermeté qu'il déploya dans les rudes épreuves qu'il eut à soutenir.

___

(*) Pendant son séjour dans cette ville, Sa Sainteté Pie IX tint quatre consistoires dans lesquels il préconisa des archevêques et évêques pour toutes les parties du monde. Dans celui du 11 décembre 1849, le très digne M. J. B. Malou, professeur distingué de théologie à l'université catholique de Louvain fut nommé évêque de Bruges.

SA SAINTETÉ PIE IX

à Portici.

1849 — 1850.

—

Quare fremuerunt gentes, et populi
meditati sunt inania?
Ps. II.

Portici aussi bien que Gaëte a eu l'insigne bonheur de donner asile dans ses murs à l'illustre Pie IX exilé de ses Etats. Le Saint Père y parut toujours grand au milieu de ses malheurs; et comme ce séjour a été caractérisé par une foule d'actes de la plus haute importance, nous ne pouvons nous refuser d'entrer dans quelques détails à ce sujet.

Sa Sainteté, en quittant la ville de Gaëte, (*) s'embarqua sur la frégate à vapeur *il Tancredi*. Sa Sainteté, accompagné des cardinaux Antonelli, Riario-Sforza, camerlingue; Asquini, Piccolomini, Riario-Sforza, archevêque de Naples, et de mgr. Garibaldi, nonce à Naples, monta avec S. M. le roi et S. A. R.

(*) Le 4 septembre 1849.

le comte e" Trapani dans une chaloupe. D'autres chaloupes,
où se trouvaient les autres cardinaux, suivaient. A peine eut-on
quitté le rivage, que tous les vaisseaux napolitains, français et
espagnols arborèrent l'étendard papal, aux cris des marins qui
montant aux cordages, firent retentir l'air de bruyantes acclamations. Le *Tancrède* à son tour arbora l'étendard papal dès
que l'auguste passager eut mis le pied à bord. Les officiers reçurent Sa Sainteté un genou en terre, et la place de Gaëte fit ses
adieux au vénérable Pontife par une salve de 101 coups de canon.
Le *Tancrède* était suivi du bateau à vapeur de guerre espagnol
le *Colomb*, ayant à bord les généraux Cordova et Savala, les
officiers supérieurs de l'armée d'expédition espagnole et le vice-
amiral Bustillos. On voyait ensuite s'avancer majestueusement
le vapeur de guerre français le *Vauban*, le vapeur espagnol la
Castille, le vapeur napolitain *il Delfino*, et la frégate *il Guis-
cardo*, qui portait S. M. la reine, les princes et les princesses.

Sa Sainteté ne fut pas plutôt sortie de la chaloupe qu'elle
admit l'équipage au baisement du pied, et étant descendu dans
le petit oratoire du navire, elle bénit l'image de la Vierge. En
traversant le canal de Procida, le *Tancrède* se vit entouré de
centaines de petites barques où s'agitaient des bannières
blanches et d'où partaient les cris les plus enthousiastes. Le
Saint Père était vivement touché de cette démonstration, et on
vit une larme de joie mouiller sa paupière. A la vue du *Tancrède* dans les eaux de la *Chiaia*, le vaisseau anglais, qui y était
à l'ancre, arbora l'étendard papal et fit aux illustres passagers
un salut de vingt-et-un coups de canon. Au même moment, tous
les vaisseaux qui se trouvaient en rade à Portici, arboraient la
même bannière et répétaient le même salut. Cependant le *Tancrède* était en vue de Naples. Il côtoya la rive en ralentissant sa

marche pour permettre à son auguste passager de contempler à
loisir le magnifique panorama qui s'étale sur ces bords enchanteurs. Du rivage on pouvait apercevoir le Pape et le roi debout
sur le pont au milieu de leur cortége; de leur côté, les illustres
voyageurs pouvaient entendre les vivats qui s'élevaient de tous
les points de la rade, mêlés, sans se confondre, au tonnerre de
l'artillerie. Lorsque l'escadre arriva à Granutello, les navires
espagnols et napolitains pavoisèrent leurs mâts et firent entendre
de nouvelles salves. Au moment où Pie IX, le roi et leurs suites
mirent pied à terre, le *Tancrède* et tous les vaisseaux en rade,
saluèrent le débarquement à pleines bordées. Le lieu où le Saint
Père débarqua était richement décoré. LL. AA. RR. le comte
Aquila, le prince de Salerne, l'infant d'Espagne, don Sébastien
Gabriël, et d'autres personnes de rang y attendaient le Souverain
Pontife. Les voitures de la cour étaient là, entourées de détachements de gardes royaux à cheval et à pied, et toute la route jusqu'au palais de Portici, était garnie d'une double haie de
grenadiers de la garde et de sapeurs.

En descendant de voiture, le Saint Père se rendit à la chapelle du palais où s'étaient réunis tous les cardinaux. Après le
Te Deum, il y donna la bénédiction du très saint Sacrement.

Le 6 du même mois, Sa Sainteté partit de Portici pour
Naples. Quatre gardes du corps royal précédaient sa voiture,
trainée par six chevaux. L'exempt de cette belle troupe et
l'aide-de-camp de S. M. étaient aux portières : douze autres
gardes suivaient, tous en grand uniforme. Le maître de la
chambre mgr. Medici, et mgr. Borromée, camérier secret,
étaient dans la voiture de Sa Sainteté. Deux voitures trainées
chacune par quatre chevaux, et dans lesquelles se trouvaient
S. Exc. le prince *Di Ardore*, gentilhomme de la chambre, en

exercice, et le major De Jongh, mis par S. M. à la disposition
du Souverain Pontife, suivaient celle du Saint Père.

Le commandant de la place et de la province de Naples,
général Stockalper, parcourait à cheval tout le trajet pour
rendre honneur à Sa Sainteté. Le cortége arriva bientôt à la
métropole, après avoir parcouru les principales rues de la
ville; les fenêtres, les balcons, les terrasses, les portes, les
places, tout était rempli de spectateurs de toutes les classes, qui
faisaient éclater hautement leurs sentiments de vénération,
d'amour et de pieuse admiration pour le grand homme qu'ils
avaient le bonheur de contempler.

Le cardinal-archevêque, entouré de son chapitre et de tous
les cardinaux présents à Naples, reçut Sa Sainteté au seuil de
l'église où la foule, maintenue par une double haie de gardes
du corps, ne laissait d'autre place vide que celle qui était
strictement nécessaire pour que le Pape pût passer. Tous les
regards étaient fixés sur le Pontife; la joie resplendissait sur
les visages de ces milliers d'hommes, heureux de recevoir une
bénédiction que leurs ancêtres ont rarement reçue dans l'enceinte de ce temple.

Le Pontife, après avoir adoré le très-saint Sacrement dans la
chapelle du saint Esprit, monta au maître-autel où il célébra
une messe basse. Après le service divin, le Souverain Pontife
visita la chapelle du patron de Naples, où étaient exposées
toutes les reliques qu'on y vénère. Il y reçut la députation des
chevaliers et celle des chanoines. De là il se rendit à l'archevêché en traversant la chapelle de sainte Restitute et, étant
monté au balcon, il donna la bénédiction à la foule immense
réunie sur l'esplanade, puis, dans la salle des ordinations,
il admit le chapitre, les deux séminaires et le clergé au baise-

ment du pied. A cette occasion, le Saint Père prononça une
allocution touchante et instructive, dans laquelle il rappela que
Gaëte, destinée par le ciel à être le monument d'une hospitalité
qui unira toujours au nom de Pie IX le nom de Ferdinand II,
à déjà une fois donné asile à la Papauté dans la personne de
Gélase II. Le Saint Père exprima l'espoir que Dieu, rendant
efficace sa bénédiction, inspirerait au clergé napolitain la
charité, la puissance de la parole et des exemples, nécessaires
pour conduire ce bon peuple à travers les orages du temps où
nous vivons.

Entouré du même cortége le vénérable Pontife fut reconduit
à Portici, où il débarqua l'autre jour, précisément au même
endroit du rivage, où selon les traditions, le prince des apôtres
toucha, il y a dix-neuf siècles, la terre napolitaine.

Tout le corps diplomatique se rendit à Portici pour présenter
au Souverain Pontife ses respectueux hommages. L'ambassadeur
d'Espagne près du Saint Siége, M. Martinez de la Rosa, porta
la parole au nom de ses collègues et interprète de l'admiration
universelle, il fit allusion aux humbles et solitaires vertus
qui ont surtout éclaté dans le grand Pie IX, durant son
modeste séjour à Gaëte. Le Pontife répondit en témoignant sa
reconnaissance au corps diplomatique, qui l'entourait de tant
de respect aux jours de l'amertume. et en exprimant toute la
gratitude dont il était pénétré pour le prince qui lui donnait
l'hospitalité avec tant d'amour et de délicatesse.

Quelques jours après, du haut de la *Reggia*, sur un trône
élevé pour la circonstance, entouré des cardinaux, en présence
du roi et de la famille royale, le Souverain Pontife donna la
bénédiction apostolique aux troupes rangées sur la vaste place.
Au moment où Sa Sainteté élevait la voix, au milieu du recueil-

18

lement universel et du plus profond silence, les drapeaux s'abaissèrent, puis soudain la musique militaire des divers corps se fit entendre, le canon tonna et les acclamations du peuple, accouru en foule, retentirent dans les airs.

Le roi ayant obtenu la bénédiction pontificale pour ses troupes, la demanda pour tout son peuple, et le dimanche suivant Pie IX bénit cette terre qui, dans ses fastes religieux, marquera ces deux journées d'allégresse du signe de ses plus glorieux jours.

Cependant dans son exil, le Saint Père n'oubliait pas son peuple. Il voulut lui donner une preuve nouvelle et un témoignage surabondant de son amour, tout en maintenant inviolable l'indépendance de sa souveraineté. Dans un *motu proprio*, Sa Sainteté accorda une amnistie, des réformes administratives, une *consulta* et un conseil d'Etat, des libertés provinciales et municipales très étendues, la révision de la législation civile, en un mot tout ce que souhaitaient les esprits sages et modérés et tout ce que comporte la situation présente de l'Italie. Ces actes resteront comme un monument de l'esprit de prudence, de mansuétude et de paix qui anime toujours le souverain Pontificat et qui distingue éminemment le gouvernement de l'Eglise, même dans la gestion de ses affaires temporelles, au milieu des vicissitudes des temps, des violences révolutionnaires, de toutes les prétentions et de toutes les difficultés de la politique.

Après avoir songé aux moyens qui pouvaient assurer le bonheur de ses sujets, le cœur compatissant du Saint Père voulut aller répandre le baume consolateur dans l'âme des malheureux. Il visita successivement l'hospice fondé par Charles III, et connu sous le nom d'*Albergo dei poveri*, la chapelle de *Piè di grotta*, et la paroisse du village de *Torre del Greco*, dans

le voisinage de Portici, et si souvent détruit par les éruptions
du Vésuve. A l'*Albergo dei poveri*, le Saint Père, après avoir
examiné dans le plus grand détail toutes les parties de ce
magnifique établissement, assista aux divers exercices par
lesquels les sourds-muets et les aveugles, élevés dans la
maison, parviennent à suppléer aux sens dont la privation les
excluait autrefois de la société.

Cependant le Souverain Pontife heureux de voir la rebellion
abattue à Rome par la valeur de l'armée française, en rendait
au Seigneur de solennelles actions de grâces; mais quoique
l'horizon se fut éclairci, la tourmente n'avait pas disparu
entièrement. De nouveaux périls pouvaient surgir dans les
Etats pontificaux par suite de l'audace des meneurs républi-
cains. Pie IX sentait qu'il lui fallait retremper son courage dans
la religion, et il se decida à faire un pélerinage à *Nocera di
pagani*, où l'on conserve le tombeau de saint Alphonse de
Liguori, et à Salerne, où reposent les dépouilles mortelles de
saint Grégoire VII, ce Pape si courageux dans les circonstances
difficiles qui sillonnèrent son pontificat. Sa majesté le roi de
Naples voulut accompagner le Saint Père dans cette pieuse
excursion. Pendant le trajet une foule immense ne cessa de se
porter sur leur passage.

Le Pape, à son arrivée à Nocera, fut reçu au bas des escaliers
de l'église, par mgr. l'évêque du diocèse, par le père Trapanese,
supérieur de la congrégation du Très-Saint-Rédempteur et par
le recteur de la maison, qui se jetèrent à ses pieds. Le roi et le
prince royal le reçurent également agenouillés à la porte de
l'église.

Pie IX fit d'abord son adoration au très saint Sacrement, puis
il célébra la sainte messe à l'autel où repose le corps de saint

Alphonse. Après le saint Sacrifice, le chef suprême du monde catholique se retira en silence derrière l'autel, et humblement prosterné auprès de la châsse ouverte qui contient les précieux restes du grand apôtre des derniers temps, il lui baisa la main, y appliqua son auguste front, la mouilla de ses larmes, et tirant l'anneau qu'il portait lui-même au doigt, le plaça à celui du saint. La touchante éloquence de l'acte pieux du Pape émut tellement le roi, le prince, le cardinal, le nonce et les autres assistants, que les larmes s'échappèrent des yeux de tous.

Sa Sainteté se rendit ensuite à la sacristie, où elle admit la communauté au baisement du pied. Après, elle visita au monastère, l'humble cellule de saint Alphonse, et du haut du balcon qui domine la porte principale de l'église, bénit la foule dont la piété fit retentir les acclamations.

D'autres fidèles attendaient Pie IX sur la route de Salerne. La réception qui lui fut faite n'était pas moins touchante, que celle qu'il reçut à Nocera ; cependant elle était plus solennelle, grâce à un rapprochement historique auquel elle donnait lieu et qui frappait tous les esprits. N'était-ce pas en effet, un grand spectacle et une nouvelle page de l'histoire de la Providence en ce monde, que Pie IX et Ferdinand II visitant dans les circonstances actuelles une basilique consacrée par Grégoire VII, accueilli alors par Robert Guiscard lorsque les persécutions et l'ingratitude des Romains avaient forcé le saint réformateur du onzième siècle, à s'éloigner de Rome? Le pieux et magnanime Pie IX pria donc le même jour aux tombeaux de saint Alphonse et de saint Grégoire VII, ces deux grandes personnifications de la piété et de la magnanimité!

Le soir, Sa Sainteté était de retour à Portici, et le roi de Naples dans sa capitale.

Les lieux où plus de souffrances appellent plus de consolations, ne pouvaient rester étrangers à la douce charité de Pie IX,
dans le choix qu'il fit des établissements, pour les rendre heureux
de sa présence. Pendant son séjour à Portici il visita dans le
courant de ce mois, à Naples, l'hospice des incurables, et son
passage y répandit un baume bienfaisant sur les pauvres
infirmes. Là, on le vit s'approcher avec bonté du lit des
malades, et leur adresser des paroles consolantes. Il s'informait
auprès des médecins qui l'accompagnaient de la nature des
maladies, et il était facile de reconnaître alors dans le Saint
Père, l'ancien supérieur de l'hospice Saint-Michel de Rome.

Ayant trouvé dans une des salles un malade originaire des
Etats Pontificaux, il s'arrêta auprès de son lit, l'entretint avec
une bienveillance toute particulière, et voulut savoir de lui le
lieu précis de sa résidence et la demeure de ses parents.

Faut-il s'étonner si, en présence d'un tel consolateur, tant
de souffrances étaient comme suspendues, et si le sentiment de la
reconnaissance étouffait chez les pauvres malades celui de leurs
infirmités ? Leurs visages exprimaient, à la fois, le bonheur et
la souffrance ; leurs paroles restaient inachevées, par l'émotion
qu'ils éprouvaient. Ceux qui pouvaient se soulever à peine
et s'incliner, les mains jointes, devant le Père commun des
fidèles et ceux qui avaient l'avantage de lui adresser quelques
paroles, semblaient être enviés par ceux qui, à cause de l'épui-
sement de leurs forces, ne pouvaient demander sa bénédiction
que par l'expression de leurs yeux.

C'était un tableau bien différent de celui-ci mais plein d'un
égal intérêt, que celui, qui s'offrit aux yeux des spectateurs, lorsque le Saint Père, se trouvant au milieu des jeunes filles élevées
dans la maison royale dite de la *reine Isabelle*, se prêta avec sa

bonté accoutumée aux fêtes qu'elles lui avaient préparées. Il consentit à recevoir de leurs mains des vases de fleurs artificielles et des broderies de leur ouvrage qu'elles venaient lui offrir.

Le 30 octobre, le Saint Père fit un petit voyage à Bénévent. Parti de Portici par le chemin de fer, qu'il quitta à Cancella, près de Caserta, pour monter en voiture, le Souverain Pontife, accompagné de S. E. le cardinal secrétaire d'Etat et de mgr. Garibaldi, fut reçu par le cardinal archevêque de Bénévent, avec une joie filiale et l'affection la plus touchante. Le long de la route, les populations ne cessèrent de témoigner, par leur empressement et par leurs acclamations, la tendre et haute sympathie qu'elles éprouvaient pour le Père commun des fidèles.

Là, comme partout, le Saint Père marqua son passage par des bienfaits sans nombre. Il distribua des sommes considérables pour être reparties en dots aux jeunes filles pauvres et pour permettre aux malheureux de retirer leurs gages du mont-de-piété. De toutes parts le vénérable Pontife recueillit les bénédictions populaires et les témoignages d'une reconnaissance et d'une fidélité universelles.

Pie IX sondant avec une perspicacité rare les causes de tous les bouleversements qui ont attristé l'Europe dans ces derniers temps, voulut, en coupant le mal dans sa racine, prévenir, autant que possible, le retour des tristes événements qui les ont marqués. A cet effet, il adressa sa célèbre encyclique du 8 décembre aux archevêques et évêques d'Italie, pour exciter leur zèle apostolique contre les fausses doctrines qui se répandent en Italie, en y semant les maximes subversives de l'ordre social et de la morale publique (*).

(*) Voir l'Encyclique : *Nostis et nobiscum una conspicitis* etc.

Ce même jour, on célébrait avec grande pompe à l'église de saint François de Paule à Naples, la fête de l'Immaculée Conception de la sainte Vierge. Dès huit heures du matin, la foule se pressait aux abords de la place du palais royal, où vinrent se ranger successivement dans un ordre parfait, de forts détachements de tous les régiments de l'armée napolitaine. Vingt-cinq mille hommes faisaient briller sous un soleil magnifique, l'éclat des armes, des uniformes et des harnais. Tout-à-coup au milieu de l'attente générale, un roulement de tambour, auquel succède la musique de tous les régiments, annonce l'arrivée du roi. Aussitôt un détachement de la garde à cheval déboucha. Immédiatement après, dans une calèche du palais attelée de deux chevaux et suivi de tout son état-major, on vit arriver Sa Majesté vêtue en costume d'officier général. Le cortége se rendit à l'église de saint François de Paule, qui fait face au palais royal ; les acclamations de la foule, le bruit des fanfares indiquaient que la fête venait de commencer.

Peu après, le canon annonce la présence du souverain Pontife. Aussitôt la foule se découvre. A un ordre, 25,000 soldats fléchissent le genou. Bientôt apparait dans la pompe digne du représentant du Dieu des armées, celui qui vient pour bénir au nom du Tout-Puissant. La voiture du Saint Père, trainée par six magnifiques chevaux, avait pour escorte une garde d'honneur à cheval.

Une longue suite de voitures portant des cardinaux et des prélats en grand costume lui faisait cortége. Le bruit du canon, les acclamations de la foule, le roulement des tambours, les sons de mille instruments, tout exprimait l'enthousiasme de la foi la plus vive, tout saluait avec respect et transport celui qui venait répandre sur cette terre, restée si fidèle, les bénédictions de Dieu.

Le roi reçut le Pape à genoux et l'accompagna au sanctuaire
où se célébrait le saint sacrifice. L'église était resplendissante
de mille lumières. Aux cris de joie succéda le silence du
recueillement. Par intervalle, la musique de l'intérieur, à
laquelle la musique des régiments faisait écho, signala, à tous,
les diverses phases de l'acte divin qui s'accomplissait.

A midi, le canon du fort, auquel répondait celui des vaisseaux
pavoisés sur la rade, annonça le moment solennel où Sa Sainteté devait bénir le peuple et l'armée.

Cinq estrades décorées avec grâce, se remplirent successivement. Sur celle du milieu, plus élevée que les autres, apparaissait le Saint Père dans toute la majesté de son caractère
divin; derrière son trône se tenaient les cardinaux, les évêques
et les prélats, en grand costume de leur rang. Le roi, la reine,
les princes et les princesses, les dames d'honneur, l'état-major
du roi, un grand nombre d'officiers-généraux étrangers, le
conseil d'Etat, tout le corps diplomatique occupaient les tribu-
nes latérales.

Jamais coup d'œil ne fut, ni plus imposant, ni plus majestueux; une foule innombrable de spectateurs, une armée dans
tout l'appareil des solennités militaires, les sommités de la puissance terrestre dans tout le faste de leur décoration, toutes les
forces et toutes les grandeurs de la terre réunies, puis au-dessus
de tout cela, le représentant de Dieu, le chef du monde catholique!... A un signal donné, tout s'inclina : roi, peuple et
soldats tombèrent à genoux; un seul homme était debout, mais
cet homme n'était plus de la terre, tant il semblait pénétré de sa
haute mission; absorbé en Dieu pendant quelques instants
devant la multitude recueillie et silencieuse, il rayonnait de la
puissance qu'il invoquait et bientôt sa voix, aussi ferme que

pénétrante, répandit, sur tous, les bénédictions célestes.

Un silence immense succéda longtemps encore à cette voix puissante; puis, comme par enchantement, un tonnerre de canons, de musique et de tambours, porta à l'Eternel le témoignage de la reconnaissance et de la foi.

Quand les armées des généreuses nations catholiques, renversant l'œuvre monstrueuse de l'usurpation démagogique, avaient rétabli le gouvernement temporel du Saint Siége, Sa Sainteté daigna décréter, qu'une médaille serait frappée en mémoire d'un si grand événement, et distribuée indistinctement à tous les individus qui faisaient partie de l'intervention armée. Elle voulut, en outre, que les braves commandants, officiers supérieurs et subalternes, et même quelques-uns des soldats qui s'étaient le plus particulièrement distingués, fussent revêtus de titres honorables et de décorations de chevalerie des Etats pontificaux. A mesure que ces médailles et ces décorations étaient prêtes, elles furent délivrées aux généraux en chef des armées d'intervention, avec un brevet pontifical. Il en était de même des médailles de bronze, qui représentaient d'un côté le symbole apostolique romain, et de l'autre cette épigraphe :

PIUS IX. PONT. MAX. ROMÆ. RESTITUTUS.

ARMIS. COLLATIS. ANNO. MDCCCXLIX.

Cependant, la joie que causa cet heureux événement au chef suprême de l'Eglise, fut bientôt dissipée par les tristes nouvelles qui arrivaient du Piémont. Ce malheureux pays se lançait à corps perdu, dans la voie des plus désastreuses innovations. La voix de Pie IX voulut parler au cœur de ce gouvernement égaré, et comme les mesures de douceur devaient rester sans effet, elle

fut sévère, mais digne et paternelle. Le cardinal Antonelli
adressa (*) au marquis Spinola, chargé d'affaires de Sardaigne
près du Saint Siége, une protestation au nom de Sa Sainteté,
contre les projets de loi du gouvernement piémontais, concernant les six articles sur le for ecclésiastique, l'immunité locale
et l'observance des fêtes. En présence d'un événement si douloureux et si inattendu, Pie IX protesta hautement contre les
blessures que l'on voulait faire à l'autorité de l'Eglise et contre
toute infraction aux traités dont il réclama l'observance.

Enfin le cardinal Antonelli annonça (**) au corps diplomatique l'heureuse nouvelle, si vivement désirée, du prochain
retour du Saint Père dans la capitale de ses Etats.

Les chefs de corps de l'armée, sur la proposition du colonel
du 2e hussards de la garde royale, chevalier Raphaël Pinedo,
et avec l'autorisation du prince Ischitella, ministre de la guerre,
firent frapper une médaille en mémoire du séjour du Souverain
Pontife dans le royaume de Naples. D'un côté, elle porte
l'effigie du Saint Père et celle du roi avec cette inscription :

PIO IX. P. O. M. FERDINANDO II. RE DEL
REGNO DELLE DUE SICILIE MDCCCXLVIII.

Sur l'exergue est le fort de Gaëte avec ces paroles :

L'ARMATA NAPOLITANA A MEMORIA DELL' ESULE PIO
IN GAETA SACRAVA AL SUO AMATO RE, 26 NOVEMBRE.

Les deux médailles en or furent offertes aux augustes per-

(*) Le 9 mars 1850. — (**) Le 12 du même mois

sonnages qu'elles représentent, d'autres en argent, aux princes
de la famille royale, aux généraux et autres dignitaires.

Le Jeudi-Saint, le Souverain Pontife se rendit à Caserte, où
il donna la confirmation à LL. AA RR. les princesses Maria
Annunziata et Maria Clementina. Il célébra ensuite la messe,
après laquelle il donna la sainte Communion à la famille royale
et aux principaux officiers de la cour.

Après la procession qui fut suivie par le Saint Père, accompagné des cardinaux Antonelli, Riario Sforza et Dupont, Sa Sainteté
accomplit la touchante cérémonie du lavement des pieds. Les
apôtres étaient représentés suivant l'usage par treize prêtres
parmi lesquels un français, un espagnol et un chinois.

Ce fut le 4 avril que Pie IX quitta Portici pour rentrer dans
ses Etats. Evénement bien grave dans la politique européenne
et bien doux pour tous les cœurs catholiques. Sa Sainteté se
dirigea d'abord vers Caserte, d'où l'auguste voyageur partit pour
Frosinone, où le conseil provincial offrit à l'illustre Pontife une
médaille frappée pour perpétuer la mémoire de ce retour et de
la joie qu'il inspirait. Elle porte sur l'exergue :

QUEM. SEDE. ROMANA. IMPIE. EXTURBATUM. PROVINCIA.

CAMPANIÆ. INGEMEBAT. FOEDERE. CATHOLICO.

REDUCTUM. EXSULTABUNDA. GRATATUR. MDCCCL.

Le Pape se détourna de sa route pour visiter la ville d'Alatri
qui s'était montrée particulièrement fidèle et dévouée dans les
dernières catastrophes. Le roi de Naples, qui accompagnait le
Souverain Pontife jusqu'à la frontière, l'embrassa respectueuse-
ment, en versant des larmes, avant de recevoir sa bénédiction.
L'émotion était telle, que le commissaire extraordinaire de la

province ne put prononcer la harangue qu'il avait préparée.

Le 12 avril, à quatre heures du soir, Sa Sainteté Pie IX rentra triomphalement dans les murs de sa capitale, après un exil de dix-sept mois. Les acclamations les plus vives, les plus admirables élans de joie, de la vénération et de l'amour, accueillirent cet auguste souverain, ce magnanime Pontife, rappelé par ses enfants délivrés, et rétabli sur son trône apostolique par l'épée de la France.

Le voilà donc restauré dans son pouvoir, ce grand et doux Pontife qui donna, dès son avénement, tant de marques d'amour paternel à son peuple; qui ne fut récompensé de ses bienfaits que par la plus noire ingratitude, et qui revient triomphant, en ouvrant ses bras pleins de miséricorde à ses fils, qui s'age-nouillent avec repentir pour recevoir ses bénédictions.

A cette heureuse nouvelle, un des plus savants prélats de France s'écria : « Il a donc cessé ce douloureux exil, qui contristait si amèrement l'univers chrétien, qui fixait tous les regards comme tous les cœurs sur ce glorieux fugitif, à la destinée duquel se lient si profondément les destinées même de l'Eglise, et nous pouvons ajouter, le salut du monde ! Dieu s'est donc encore une fois complu à écrire, pour l'instruction des peuples, une nouvelle et admirable page dans l'histoire de cette Papauté, dont tous les combats sont des victoires, et dont les épreuves furent toujours les préludes de nouveaux triomphes.! » (*)

(*) Voir le mandement de Mgr. Dupanloup, évêque d'Orléans.

EXTIRPATION DES BRIGANDS.

L'ancien pays des Volsques, jadis le foyer perpétuel du brigandage, a appartenu jusqu'à la fin de 1816 à la maison Colonna, si connue dans l'histoire du douzième siècle. Cette maison, née pendant les troubles des guerres civiles, combattant souvent contre les Papes, les Orsini et les autres maisons puissantes, ne songea naturellement qu'à former des soldats.

Les Colonna, quoique vaincus très souvent par les Papes, ne s'étaient jamais réconciliés avec eux; ils avaient toujours gardé un esprit d'opposition; malgré leurs menaces, ils ont toujours garni leurs forteresses de soldats à *cocarde verte*. Dans cette situation, les gouverneurs *Colonnesi* du pays s'inquiétaient peu de la moralité des habitants. Il suffisait d'avoir des hommes habiles à se servir des armes. Les *Colonna* voulaient exclusivement la juridiction dans leurs provinces. L'autorité du Pape n'avait d'autres ressources que d'envoyer des brevets de *clercs*

aux honnêtes gens qui en demandaient. Munis de ces brevets,
ils étaient exemptés de la juridiction territoriale. Ce n'était pas
là une civilisation; on remédiait à un désordre par un désordre.
En 1809, les Français survinrent; ils s'établirent dans la ville
de Rome qu'ils avaient demandé seulement à traverser. Ils
renversèrent bientôt la juridiction des *Colonna;* mais, continuant mieux qu'ils n'avaient commencé, ils organisèrent, avec
vigueur et avec ordre, des autorités municipales et des tribunaux. En cela, l'opinion secondait l'administration; on peut
dire que l'esprit public, sans armes, tua presque le brigandage. En 1811 et 1812, il y eut un moment où les brigands
se réduisirent à sept ou huit, commandés par des cala-
brais. Mais, en 1813, la même administration détruisit le
bien qu'elle avait fait. On fit, comme ailleurs, aux anciens
fiefs des *Colonna,* des réquisitions en hommes, en argent et
en chevaux. On épuisa, avant qu'elles fussent échues, les
listes de la conscription; puis on exigea tous les chevaux
sans exception; on prétendit organiser des gardes d'honneur.
Napoléon n'avait donc aucune connaissance de l'état de ces
contrées. Elles retournèrent rapidement à leurs mœurs primitives. Il s'y organisa des partis politiques qui commettaient des
excès sur les routes, sous prétexte d'inquiéter les troupes de
Joachim. Quelques commandants faibles, après le départ du
gouverneur français, semblaient annoncer à tous ceux qui por-
teraient les armes et contribueraient à rétablir la sûreté des
routes, qu'ils obtiendraient un pardon général pour tous les
crimes antérieurs. Moyens imprudents et funestes! car il faut
toujours en revenir à punir les crimes, si les criminels que l'on
a amnistiés en commettent de nouveaux. Toutefois, la proclamation amena une foule de brigands à devenir les auxiliaires

des autorités. La province de *Campagna* fut couverte d'hommes armés, et ce n'étaient pas des hommes qui voulussent constamment vivre soumis à des lois nouvelles pour eux. Il se forma de véritables corps de brigands définitifs qui ne sortaient jamais des abîmes de la montagne que pour aller arrêter et voler sur les grands chemins. Peu à peu l'ordre se rétablit; mais le métier avait paru bon à quelques étrangers. Plusieurs *facinorosi* du pays, querelleurs, et joueurs de couteau, quittaient aussi leur famille, lorsque la force publique allait poursuivre ceux qui troublaient l'ordre. On vit jusqu'à des fiancés rejoindre les voleurs, et ajourner leurs noces au moment où ils auraient obtenu une amnistie. De malheureuses jeunes filles disaient avec douleur et quelquefois avec orgueil : « *Mon fiancé est à la montagne.* » Telle était la situation du pays qu'on voulait pacifier. Des membres des municipalités locales ne faisaient pas leur devoir : une commisération sans excuse égarait leurs esprits. Il fallait donc soutenir les autorités dévouées, instruire les faibles de leurs obligations, punir avec fermeté les méchants dont on pouvait se saisir, user de clémence envers les caractères irritables, en état d'aller augmenter le nombre des révoltés. Léon XII, voulant anéantir ce sédiment infect de brigandage, appela auprès de lui des hommes religieux qui avaient du pouvoir dans le pays; il faisait distribuer des récompenses, il attirait dans d'autres provinces les *Sonninois* qui donnaient de mauvais exemples; et il faisait surveiller avec soin cette ville de Sonnino que les brigands avaient osé demander au même titre que la possédait la maison Colonna. Toutefois, on n'obtenait pas encore les résultats qu'on devait attendre de tant de sacrifices et de méditation, pour assurer le retour du repos dans ces fatales contrées.

Monsignor Benvenuti, prélat très recommandable par ses
vertus et par ses talents, fut envoyé contre les brigands, à la
place du cardinal Palotta, mais avec moins d'extension dans
ses pouvoirs. On lui adjoignit, en qualité de commandant
militaire, le colonel des carabiniers, Ruvinetti, homme de tête
et d'exécution, propre aux entreprises qui demandent de la
vigueur et de la célérité.

En 1824, toute l'Europe venait de recevoir la bulle du
Jubilé, et beaucoup de ses habitants s'apprêtaient au saint
voyage. Plus que jamais il fallait pacifier les routes : l'opinion
publique avait été rassurée par la nouvelle de l'arrivée pro-
chaine d'une armée suisse à Naples ; mais il fallait que les
espérances des Romains fussent soutenues par des mesures que
le gouvernement pontifical prendrait de son côté, pour rendre
certaine et absolument infaillible la destruction des brigands.
Monsignor Benvenuti résidait de sa personne dans la province
de *Maritima e Campagna ;* il se détermina à ordonner que les
personnes placées sous la surveillance de la police, ou qui
pourraient l'être à l'avenir, et les parents des brigands déclarés
tels, seraient tenus de rentrer dans leurs domiciles respectifs
avant le coucher du soleil, et n'en pourraient sortir avant
l'aurore, sous des peines très sévères. Quiconque rencontrait
les brigands, en quelque lieu que ce fût, et qui était contraint
d'avoir quelques relations avec eux, était tenu d'en donner
avis à l'autorité ou au chef du poste le plus voisin. La perte
de temps, qu'occasionnait ce dérangement, était couverte par
une indemnité ; il n'en coûtait rien pour être honnête homme
et sujet fidèle.

Enfin les personnes en surveillance, les parents des brigands,
en un mot, tous les suspects, ne pouvaient sortir de leur com-

mune qu'avec une feuille de route, délivrée à cet effet. Les bergers et les gardiens de troupeaux étaient soumis aux mêmes formalités, et les propriétaires de bestiaux se virent assujettis à des déclarations qui rendaient cette surveillance plus facile.

Quelques précautions étaient ordonnées relativement au droit de chasse et au port d'armes. Les immunités locales et personnelles étaient suspendues, et les délits concernant le brigandage devaient être jugés aussi sommairement et aussi brièvement qu'il était possible par un tribunal, composé de trois assesseurs, d'un officier militaire et présidé par le délégué extraordinaire.

Le Pape se livrait tout entier à l'examen des mesures et des dispositions nécessaires pour détruire le brigandage et rendre les routes le plus sûres possible. Ses soins multipliés furent enfin couronnés d'un plein succès, et cette hydre, aux cent têtes, qui se portait en vingt endroits différents avec la rapidité de l'éclair, et dont la vue était un sujet d'effroi pour les paisibles habitants de la *Campagna*, tomba, il faut l'espérer, pour toujours. (*)

(*) Voir, Hist. du Pape Léon XII, par le chevalier Artaud de Montor, tome I.

FIN DU TOME PREMIER.

APPROBATION.

Ayant fait examiner le premier volume de l'ouvrage intitulé :
Naples et le Mont-Cassin, nous en permettons l'impression.

Malines, le 15 juillet 1850.

P. CORTEN, Vic. Gen.

TABLE DES MATIÈRES.

———

www.ingramcontent.com/pod-product-compliance
Lightning Source LLC
Chambersburg PA
CBHW052005020726
47501CB00004B/1007